EXPLORATION AND DISCOVERY
探索与发现

奇妙的植物家族

·生动的文字 ·缜密的思维 ·精彩的图片

曾才友 ◎ 改编

全新
青少年科普读物

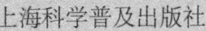
上海科学普及出版社

图书在版编目（CIP）数据

奇妙的植物家族 / 曾才友改编． ——上海：上海科学普及出版社，2018
（探索与发现）
ISBN 978-7-5427-7103-2

Ⅰ．①奇… Ⅱ．①曾… Ⅲ．①植物－青少年读物 Ⅳ．①Q94-49

中国版本图书馆CIP数据核字（2017）第283779号

责任编辑　吴隆庆

奇妙的植物家族

曾才友　改编

上海科学普及出版社出版发行

（上海中山北路832号　邮政编码200070）

http://www.pspsh.com

各地新华书店经销　北京兰星球彩色印刷有限公司
开本 787mm×1092mm　1/16　印张 13　字数 180 千字
2018年8月第1版　2018年8月第1次印刷

ISBN 978-7-5427-7103-2　　定价 29.50 元
本书如有缺页、错装或坏损等严重质量问题
请向出版社联系调换

前　言

植物是生物界中的一大类。在人类居住的地球上，生存着50多万种植物。植物一般都有叶绿素，没有神经，没有感觉。基本上可以分为藻类、蕨类、苔藓植物和种子植物，种子植物又分为裸子植物和被子植物。它们分布广泛，无所不在，从热带到寒带，从沙漠到海洋，从高山到平原，处处都有植物生息繁衍。

它们起源久远，历经沧桑，谱就了一段生生不息的植物史。在距今25亿年前（元古代），地球史上最早出现的植物属于菌类和藻类，其后藻类一度非常繁盛。直到4亿3800万年前（志留纪），绿藻摆脱了水域环境的束缚，首次登陆大地，进化为蕨类植物，为大地首次添上绿装。大约3亿6千万年前（石炭纪），蕨类植物绝种，代之而起是石松类、楔叶类、真蕨类和种子蕨类，形成沼泽森林。古生代的主要植物于2亿4800万年前（三叠纪）几乎全部灭绝，而裸子植物开始兴起，进化出花粉管，并完全摆脱对水的依赖，形成茂密的森林。1亿4500万年前（白垩纪），被子植物（有花植物）开始出现，于晚期迅速发展，代替了裸子植物，形成延续至今的被子植物时代。现代类型的松、柏，甚至像水杉、红杉等，都是在这时期产生的。之后，各类植物繁衍开来，共同构建出一片色彩斑斓的植物世界。

它们千姿百态，丰富多彩，组成了一个生机盎然的植物王国。植物王国的成员们各有特点，有的历经沧桑，珍贵无比；有的身处劣境，却会灵活适应；有的盛产食物，乐于奉献；有的专做寄生者，危害四邻；有的翩翻起舞，讨人喜爱；有的巧设机关，诱虫上当；有的脾气古怪，与众不同；有的独树一帜，是世界之最。

它们作用巨大，用途广泛，无疑是自然界的第一生产力。它们通过奇妙的光合作用，合成出有机物，提供一切动物和人类赖以生存的食物来源；它们吸收二氧化碳和其他有毒气体，释放出氧气。许多植物物种被用来美化环境、提供绿荫、调整温度、降低风速、减少噪音和防止水土流失。植物是每年有数十亿美元的旅游产业的基本，包括植物园、历史园林、国家公园、花田、雨林及各具特色的森林等地的旅游资源。植物也为人类的精神生活提供基础需要。一些具有芬芳物质的植物被人类用来制成香水、香精等各种化妆品。许多家具也是由植物制作而成，而花卉等植物更是成为装点人类生活空间的观赏植物。

植物王国为人类做出的贡献，恐怕它们自己都不能说明白，也正因如此，对人类来说植物王国还是充满了迷惑。例如：有些植物的根怎么会向上长？为什么树叶在秋天要换颜色？一种植物的基因怎么会跑到另一种植物的细胞中……如此众多的生命之谜，等待着我们去解答。而深入探索奇妙的植物家族，使之更好地为人类服务，更是青少年们的光荣使命。本书力图逐一介绍植物王国"成员"，向大家展示不同"成员"的特点，阐述植物之中"最隐私"的秘密。

目 录
Contents

千奇百怪的植物

植物王国的"家谱" ………… 1
植物王国的左和右 ………… 1
植物的花粉 ………… 2
植物的生命供给线 ………… 3
植物的全息现象 ………… 4
植物的落叶 ………… 5
植物的语言 ………… 6
植物与音乐 ………… 7
植物的自卫 ………… 7
植物间的明争暗斗 ………… 8
植物间的友好互助 ………… 9
植物给人的启示 ………… 10
千姿百态的种子 ………… 12
种子萌芽趣谈 ………… 13
绚丽多彩的花朵 ………… 14
花朵的气味 ………… 15
花的奇妙形状 ………… 15
形形色色的果实 ………… 17
水果变熟的奥秘 ………… 18
形态万千的叶 ………… 18
会吐水的绿叶 ………… 19

奇妙的绿色工厂 ………… 20
奇形怪状的根 ………… 21
到根中去看看 ………… 22
千变万化的茎 ………… 22
会报时的植物 ………… 24
记载历史的年轮 ………… 25
不用种子繁殖的植物 ………… 26
会发光的植物 ………… 26
会睡觉的植物 ………… 27
会探矿的植物 ………… 28
能预测风雨的植物 ………… 29
使人产生幻觉的植物 ………… 30
能预测地震的植物 ………… 31
会纵火的植物 ………… 32
会发热的植物 ………… 33
吃人的植物 ………… 34
长手的植物 ………… 34
会搬家的植物 ………… 35
令老鼠胆寒的植物 ………… 36
会发射子弹的植物 ………… 36
能产"大米"的树 ………… 37
能出"乳汁"的树 ………… 38

能产糖的树 …………………… 38
会长棉花的树 ………………… 39
"摇钱树" ……………………… 41
皂荚树与洗衣树 ……………… 42
能治病的金鸡纳树 …………… 43
会指示方向的树 ……………… 44
会笑的树 ……………………… 44
能改变味觉的神秘果 ………… 45
长"鸡蛋"的树 ……………… 46
产药的树 ……………………… 47
产酒的树 ……………………… 47
有保镖的树——蚁栖树 ……… 48
会流泪的树——胡杨 ………… 49
会奏乐的树 …………………… 49
会流血的树——龙血树 ……… 50

藻类植物

藻类植物趣谈 ………………… 51
有趣的硅藻 …………………… 52
海藻之王——巨藻 …………… 53
聚碘能手——海带 …………… 53
赤潮的制造者——红海束
　毛藻 ………………………… 54
著名的食用藻——发菜 ……… 55

菌类植物

菌类植物趣谈 ………………… 56
可爱的食用真菌——蘑菇 …… 57
固氮能手——根瘤菌 ………… 58
丛林中的地雷——马勃 ……… 59
人间仙草——灵芝 …………… 60

地衣和苔藓植物

漫游天下的地衣 ……………… 62
大树上的长胡子——松萝 …… 63
漫谈苔藓植物 ………………… 64
矮小的葫芦藓 ………………… 64

蕨类植物

漫谈蕨类植物 ………………… 66
蕨中之王——树蕨 …………… 67
随波飘荡的满江红 …………… 68
神奇的九死还魂草 …………… 69

裸子植物

探寻裸子植物 ………………… 70
植物元老——银杏 …………… 70
国宝水杉 ……………………… 71
植物中的大熊猫——银杉 …… 72
美丽的柏木 …………………… 73
三代同堂的香榧 ……………… 74
长白山上的美人——长白松 … 74
有个性的马尾松 ……………… 75
名扬中外的白皮松 …………… 76
神奇的罗汉松 ………………… 77
著名的风景树——雪松 ……… 77
铁树开花 ……………………… 78

被子植物

访问被子植物 ………………… 80
淹不死的植物——金鱼藻 …… 80
不凋谢的花——二色补血草 … 81
会指示方向的草——野莴苣 … 82
世界级名花——大丽花 ……… 83

美丽的空中花卉——吊兰 … 84	功过皆有的罂粟 … 102
世界国花之最——玫瑰 … 84	江南名花——玉簪花 … 103
长鞭炮的植物——毛子草 … 85	鲜艳夺目的一品红 … 104
世界上最大的花——大花草 … 86	牧草之王——苜蓿 … 104
花序最大的草本植物	巧设牢狱的马兜铃 … 105
——巨魔芋 … 87	会怀胎的草——珠芽蓼 … 106
喜欢吃肉的食虫植物	备受喜爱的郁金香 … 106
——猪笼草 … 87	聪明的苍耳和牛蒡 … 107
巧设陷阱的食虫植物	珍奇的鹤望兰 … 107
——瓶子草 … 88	有趣的牵牛花 … 108
食肉成性的毛毡苔 … 89	清香淡雅的兰花 … 109
爬墙高手——爬山虎 … 89	端庄的君子兰 … 110
食虫的水生植物——狸藻 … 90	会骗婚的角蜂眉兰 … 111
植物界中的寄生虫	会旅行的蒲公英 … 112
——菟丝子 … 91	会测温度的植物
登高上树的寄生者——寄生 … 92	——三色堇 … 113
隐居地下的寄生者	只有一片叶的植物
——肉苁蓉 … 92	——独叶草 … 114
有趣的潜水高手——苦草 … 93	天然钻头——针茅 … 115
美丽高雅的百合 … 94	紫云英的奇用 … 115
叶绿果红的万年青 … 95	水中的清洁工——水浮莲 … 116
凌霄花开 … 96	攻占海滩的尖兵
著名的荫棚植物——紫藤 … 97	——大米草 … 116
清新高雅的马蹄莲 … 97	蛇惧怕的植物——复草 … 117
芳香的米兰 … 98	顽强的落地生根 … 118
顶冰冒雪的侧金盏花 … 99	花朵最小的植物——浮萍 … 118
花中君子——荷花 … 99	喜吃细菌的植物——天麻 … 119
含羞草会"害羞"的 … 100	情系太阳的花——半支莲 … 120
楚楚动人的美人蕉 … 101	朴素可爱的慈姑 … 121

真菌养育的蔬菜——茭白 …… 121	为臭椿平反 …………………… 144
东北的一宝——乌拉草 …… 122	中国的鸽子树——珙桐 …… 145
春天的使者——报春花 …… 123	独木成林的榕树 …………… 146
独立金秋的菊花 …………… 124	趣谈无花果 ………………… 147
植物杀虫能手——除虫菊 … 125	沙漠中的骆驼刺 …………… 148
植物舞蹈家——舞草 ……… 126	抗旱固沙的先锋
伪装巧妙的植物	——沙拐枣 …………… 149
——龟甲草 …………… 127	沙漠英雄——梭梭 ………… 150
奇妙的冬虫夏草 …………… 128	闻名北方的泡桐 …………… 150
凌波仙子——水仙 ………… 129	浑身带刺的仙人掌 ………… 151
冰清玉洁的玉兰 …………… 130	无影的林中仙女
长有铁锚的植物——菱 …… 131	——杏仁桉 …………… 152
朵朵葵花向太阳 …………… 131	佛教圣树——菩提 ………… 153
水上花王——王莲 ………… 133	寄人情思的红豆 …………… 154
神奇的跳豆 ………………… 134	绿叶长存的百岁兰 ………… 154
沙漠中的活水壶	岸边卫士——木麻黄 ……… 155
——旅人蕉 …………… 134	生长最快与最慢的树 ……… 155
草原上的流浪汉	种子最大的植物
——风滚草 …………… 135	——复椰子树 ………… 156
懂得翻身的长生草 ………… 136	树姿优美的垂柳 …………… 157
褒贬不一的水葫芦 ………… 137	本领高强的紫穗槐 ………… 158
有生命的石头——生石花 … 138	最能贮水的树——纺锤树 … 159
月下仙子——昙花 ………… 139	不长叶子的树——光棍树 … 160
冰山奇葩——雪莲 ………… 140	最毒的树——箭毒木 ……… 161
药用植物之王——人参 …… 141	珍贵的楠木 ………………… 161
花中的变色能手	灿烂的樱花 ………………… 162
——木芙蓉 …………… 141	用于雕刻的好材料
天下第一香——茉莉 ……… 142	——缅茄 ……………… 163
维 C 果王——刺梨 ………… 143	清新淡雅的文竹 …………… 164

美丽的紫荆花 ………………… 165
美丽实用的桉树 ………………… 165
抗污能手——夹竹桃 ………… 166
治疟高手——金鸡纳树 ……… 167
朴实有用的刺槐 ……………… 168
砍不死的铁刀木 ……………… 169
著名的观叶植物
　　——龟背竹 ………………… 170
亭亭玉立的棕榈 ……………… 171
竹子趣话 ……………………… 172
长得最快的植物——毛竹 …… 172
长衣裳的树——鹅掌楸 ……… 173
赏心悦目的南天竹 …………… 174
侵占美国的葛藤 ……………… 175
名贵的半寄生植物
　　——檀香 …………………… 176
美丽的山茶花 ………………… 177
奇怪的叶子花 ………………… 178
怕痒的树——紫薇 …………… 178
鸟儿不敢光顾的树
　　——枸骨 …………………… 179
花序最大的木本植物
　　——巨掌棕榈 ……………… 179
独具特色的合欢 ……………… 180
美丽的梧桐 …………………… 181

在叶子开花结果的树
　　——青荚叶 ………………… 182
花中皇后——月季 …………… 182
可爱的丁香 …………………… 183
傲寒凌霜的梅花 ……………… 184
俏立寒冬的腊梅 ……………… 184
十里桂花香 …………………… 185
可爱的金银花 ………………… 186
美丽的生命之树
　　——椰子树 ………………… 187
珍奇的望天树 ………………… 188
最粗的树——猴面包树 ……… 189
最硬的树——铁桦树 ………… 190
最轻的树——轻木 …………… 190
奇怪的胎生树木——红树 …… 191
最魁梧的树——巨杉 ………… 191
花中之王——牡丹 …………… 192
抗碱防沙的先锋——怪柳 …… 193
树干最美的白桦树 …………… 194
花中西施——杜鹃 …………… 195

现代科学技术在植物上的应用

无籽果实的培育 ……………… 196
细胞融合技术 ………………… 196
转基因植物 …………………… 197
从试管中长出的植株 ………… 198

千奇百怪的植物

植物王国的"家谱"

自然界的植物种类繁多，千差万别，似乎杂乱无章，理不出头绪。最近几个世纪以来，随着对大自然研究的不断加深，人类逐渐认识到植物王国也是有规律可循的。现在，人们根据植物外部的花、果、叶、茎、根等形态和内部的如组织结构、细胞染色体上的异同进行分类，从而划清了植物与植物之间的关系，这就是植物分类学。它是按界、门、纲、目、科、属、种的顺序来划分植物的，即将整个植物王国称为植物界，再按着从低等到高等的顺序，又将植物界分为藻类、菌类、地衣、苔藓、蕨类、裸子植物和被子植物等几大门，每门再顺次往下分，越分越细，一直分到种。种是最基本的分类单位，通常只指一种植物。有时为了方便，还加入了亚门、亚纲、亚目、亚科和亚属等级别，而种以下还有亚种、变种、变型等。

植物王国的左和右

我们知道，大多数人的右手要比左手大一些，而少数常用左手的人，他们的左手要比右手大一些。在植物王国中也存在这种情况。有一些植物的花瓣、叶子、果实是右边的一半大于左边的一半，而另一些植物正相反，是左边大于右边。一般情况下，大多数的藤本植物都是沿着支撑物按逆时针方向盘旋上升的,如紫藤、菜豆、牵牛花等;只有极少数按顺时针方向缠绕的,如啤酒花和草。不知你是否注意到,植物叶片的生长方式也有左右之分。这些叶片都呈螺旋状排列在枝条或茎上,大多数植物的叶子是按顺时针方向盘旋生长的,只有少数是按逆时针方向排列的。而且,右旋生长的植物右边叶片较大,左旋生长的植物左边叶片较大。这一点与人类是多么相像啊!科学家们认为,植物体内能产生生长素,其作用是使细胞伸长,也能促进细胞分裂,还能促使不同植物的茎向不同方向缠绕。当然,它在叶、花、果实中的分布位置也不相同,因而导致这些器官的不对称生长,左右有大有小。

植物的花粉

植物的花是由花萼、花冠、雄蕊和雌蕊四个部分组成的。其中,雄蕊是由顶端膨大的花药和下方细长的花丝构成的。花粉粒就藏在花药里,当它成熟时,花药裂开,花粉粒散出。花粉粒是极微小的生命体,需在显微镜下才能看清。它千姿百态,有的呈球形,有的呈三角形,有的像元宝,

花朵的雄蕊上的花粉

有的像鸡蛋。更奇妙的是，花粉粒上还具有各种各样的花纹、突起，人们常以此作为鉴定植物种类的依据。一朵花的花粉粒是很多的，例如一株玉米的雄花序上就有五千万粒花粉，经风一吹，像漫天飞舞的尘埃，难怪人们称它为"生命的微尘"。花粉粒通过各种媒介传播到雌蕊柱头上的过程，叫做授粉，也叫传粉。传粉分为两种，一种叫自花传粉，即花药中散出的花粉，落在同一朵花的柱头上，这种方式很原始，害处多；另一种叫异花传粉，即花药中散出的花粉，落在其他花的柱头上，这种方式既普遍又有优势。异花传粉常需要一些媒介，如风、昆虫、水、鸟等等。读者可在本书介绍具体植物的章节里找到这些有趣的过程。花粉富含蛋白质、糖类、脂肪和维生素等，可作为高级营养品或用于酿酒，还可以提取维生素。但有些花粉中含有特殊的物质，可使闻到它的人过敏或吃到它的人中毒，我们可要小心啦！

植物的生命供给线

植物的身体是一个有机的整体，它的各个部分有着各自不同的分

植物的根茎

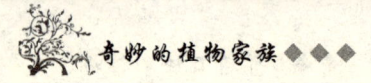

工。例如，根负责从土壤中吸收水分，叶子负责进行光合作用来制造有机物质。那么，根吸收的水分和叶子制造的有机物，在体内是如何输送到各个器官里的呢？原来，在植物体内有两大运输管道，一条叫导管，另一条叫筛管。导管负责把从根部吸收进的水和无机盐运输到叶子，筛管负责把从叶子制造出来的有机物运输到根部和其他器官。说起来有趣，虽然导管和筛管都是植物体内一些特殊藻类细胞连成的管子，但是它们的形状不尽相同。组成导管的细胞，两端的细胞壁都已消失，好像一根把节打通了的竹竿；而组成筛管的细胞，在连接处并未完全打通，是由一层像筛子一样带有很多细孔的"筛板"隔着。导管分布在植物的茎心，也叫"木质部"；而筛管分布在植物的茎皮，也叫"韧皮部"。奇怪的是，导管由下向上运输，反而比筛管由上向下运输要快。科学家认为，这一方面与两种管道的结构和所运输物质的不同有关，另一方面与植物的蒸腾作用产生的强大向上的牵引力有关。植物的导管与筛管，就像人体的血管一样，把根、茎、叶、花、果等器官连成一个纵横交错的"生命供给线"。

植物的全息现象

日常生活中，我们将一根磁棒折成几段，每个小段的南北极特性依然不变，物理学上把这种现象称为全息。其实，不只是磁棒具有全息现象，在植物中这种现象也广泛存在。例如，把消毒的百合鳞片进行离体培养，鳞片基部最先长出小鳞茎；如果将鳞片切碎进行培养，这些小碎块照样会长出小鳞茎，而且都是在每个植段的基部首先产生，小鳞茎的数量也是越靠近基部越多，这个规律正好跟百合植株生芽的规律相符，所以也是一种全息现象。大蒜、甜叶菊、彩叶草等植物均有类似的全息现象。不仅如此，植物在形态上也具有全息现象。一只生梨，外形极像缩得很小的梨树；一张竖在地上的棕榈叶，外形酷似一棵缩小的棕榈树；叶脉为网状的植物，它们的主茎的分枝多呈网状；叶脉平行的植物，它们的主茎不分枝。植物全息现象在生产实践中已取得显著成果。按照这种规律，马铃薯的块茎下部的芽眼长出块茎的能力肯定较上部的强，实验结果证明，这种效应可使马铃薯增产19.2%。人们在种植玉米、水稻等作物时，利用全息规律，也都获得了高产。目前，植物全息现象的观察研究正在不断深入，相信它还会给人类带来更大的收益。

植物的落叶

深秋时节，天气逐渐变冷，许多树木脱去夏日的盛妆，开始落叶。落叶现象是植物减少蒸腾作用，度过寒冷或干旱季节的一种反应，是植物在长期进化过程中形成的一种习性。当然，有些热带和亚热带的植物，害怕忍受不了炎热的酷暑，在春季也会开始落叶，以适应高温炎热的夏日。因此，植物的落叶是对即将到来的恶劣季节所做的一种准备。脱落酸是控制

杉　树

叶子脱落的化学物质，它能抑制植物的生长，促使叶子脱落。在显微镜下可以看见叶柄基部的薄壁组织能强烈地进行分裂，形成一个脱离层。由于临近细胞中的果胶酶和纤维素酶活性增加，结果使整个细胞溶解，脱离层的细胞间彼此分离，便形成了一个自然的断裂面。秋风吹过，纤弱的叶柄已不堪一击，便会断裂，叶片也就飞舞着落向大地。其实，落叶对于植物来说非常重要，不但可以减轻树木的生长负担，为来年的吐绿作准备，而

且可以覆盖地面，保护根和落下的种子不受冻害。另外，落叶腐烂后，产生大量的有机质，可以改良土壤，保证树木有充分的营养，从而茁壮成长。

植物的语言

在人们的眼里，植物总是默默无闻地生活着。随着对植物王国认识的加深，人们发现植物也会"讲话"。在20世纪70年代，一位澳大利亚的科学家惊奇地发现，当植物遭受严重干旱时，会发出"咔嗒咔嗒"的声音，通过仪器测量发现，响声是由输水管震动引起的，他认为这是植物发出的想喝水的"语言"。自然界中还有一些植物不用仪器就能听到它们的"话语"。例如，肯尼亚有一棵杉树，当被伐倒时，竟不时地发出一种神秘的声音，好像在向人们表示抗议。在我国海南岛的热带雨林中，有一种叫大花五丫果树的植物，当有人在树干上砍一刀时，再把耳朵贴近伤口处，便会听见"叽喳叽喳"的声音，仿佛在"说痛"。美国科学家采用先进的仪器发现各种植物都有独特的声音。例如，豆科植物中有的发出的声音像在哭泣，有的却像在吹口哨，十分有趣。而番茄发出的声音在所有植物中是最美妙的。有些学者通过研究还发现，一些植物在黑暗中突然受到强光照射时，能发出类似惊讶的声音；当植物遇到变天刮风或缺水的恶劣条件时，便会发出低沉、可怕和杂乱的声音；而一些原来叫声难听的植物，被浇过水或

番茄能发出所有植物中最美妙的声音

受到适宜的阳光照射后，声音竟会变得婉转动听。现在，科学家们正在努力研究植物的"语言"，争取早日破译它们。

植物与音乐

植物学家通过研究发现，植物同人一样，喜欢"听"优美的音乐，而对带有噪声的音乐是讨厌的。法国曾有一名园艺家把耳机套在一只未成熟的番茄身上，每天让它"欣赏"3小时音乐。这个番茄听了音乐之后猛长，居然达到2千克重，创造了番茄果实之最。印度的科学家发现凤仙花是音乐的"知音"，经常"听"动听乐曲的凤仙花，要比普通的凤仙花长得快，而且身高叶茂。科学家们还发现，听过音乐的水稻比没有听过音乐的水稻长得更加茂盛；一颗听过音乐的土豆竟然长到足球一般大小，成为世界上的"土豆王"。这些科学实验都表明，优美的音乐确实对植物的生长有利。相反，噪声和吵闹的音乐会对植物造成伤害。美国科学家发现，经常"听"轻音乐的植物会茁壮成长，开花结果；而经常听吵闹的摇滚乐的植物却停止生长，萎靡不振。原来，音乐是一种有节奏的声波振动，会对植物细胞产生机械刺激。适当的、有节奏的机械刺激会促进植物的生长，而过度的、杂乱无章的机械刺激会对植物造成损害。人们还发现超声波也能促进种子萌发，加快生长，提高产量。"听"过超声波的苹果、马铃薯、卷心菜等植物生长旺盛，产量惊人。看来植物对音乐真是"情有独钟"啊！

植物的自卫

有人会想，植物不会走动，面对病菌、害虫和一些动物的进攻，不就坐以待毙了吗？其实不然，许多植物都有着高超的自卫本领。有些植物披针带刺，使动物和人不敢随意触动它们，如玫瑰、月季、洋槐、皂荚树、仙人掌等；有些植物善于伪装，使动物和人难于发现它们，如石头花、龟甲草等；有的植物会"招兵买马"，用自己产出的食品"雇佣"一些蚂蚁来保卫它们，如樱树、蚁栖树等；有的植物会分泌大量黏液，使大部分昆虫望而却步,即使有害虫冲上来,也会被黏液粘住,不得脱身而死,这类植物有稀莶草、捕虫瞿麦等。最厉害的是一些巧用"化学武器"的植物了。如漆树含有毒性的漆酚,夹竹桃含有大量的强心苷类物质,金合欢含有毒性很强的氰化物,箭毒木的乳汁含有致命的强心苷,毒芹会产生剧毒的毒芹碱……这些物质都能使来犯之敌轻则昏迷,重则死亡。更有狡诈者,如

善于自卫的仙人掌

野生马铃薯受到蚜虫入侵时,会分泌出一种具有挥发性的物质 E—法尼烯,它正是蚜虫的报警信息素的主要成分,使蚜虫误以为危险降临而逃之夭夭。除虫菊是天生的"灭虫大王",它体内的除虫菊素能杀死多种昆虫,而对人畜无害,可用来制作蚊香。植物的自卫本领还有很多,这里就不一一列举了。

植物间的明争暗斗

植物王国中,有许多自私好斗的成员,有的只想自己,千方百计维护好自己的地盘;有的野心勃勃,想方设法侵占别人的领地。例如核桃树就喜欢独占地盘,如果附近有栽种的苹果树,核桃树就会放出有毒的物质,

使苹果树中毒身亡。在美国的西南部平原上,有一种山艾树,十分专横,它会分泌出一种致其他植物于死地的化学物质,在它的领地内,任何植物

檫 树

都不能生长。劳动人民在农业实践中,更加注意植物中的"冤家对头",常避免将芹菜与菜豆、油菜与豌豆、玉米与荞麦、番茄与芫菁等同栽于一起,以防止相互抑制而影响产量和质量。此外,有些植物不会满足已经占有的土地,积极向外扩张。例如,身材高大的欧洲云杉与身体稍矮的西伯利亚云杉的争斗已持续了几千年之久,欧洲云杉不断地发起一轮轮的进攻战,将西伯利亚云杉的家园侵占,迫使它们向寒冷的乌拉尔山脉撤退。有时,人类不小心还会帮了外来入侵植物的忙。例如,美国的佛罗里达州,在19世纪80年代,从南美引进了鳄草,它们疯狂地生长,占领了全州的水域,使当地土生土长的水中植物全部灭绝。科学家们经过研究,已经发现了其中的一些机理,但更多的疑问还等待着我们去解答。

植物间的友好互助

植物王国中,有许多植物能和睦相处,互相帮助。例如,大豆和玉米

便是友好的邻居,大豆根部长有根瘤,其中的根瘤菌能固定大量的氮,它能慷慨无私地为玉米提供氮肥资源,共同生长。地衣植物是由单细胞藻类

菌根菌

和真菌友好共生的典范,单细胞藻类可以进行光合作用制造有机物,供真菌利用,而真菌的菌丝又可以吸收盐分和水分供藻类享用,它们彼此照应,互利共生。蕨类植物中的满江红与鱼腥藻也是一对好朋友,鱼腥藻有特殊的固氮本领,给满江红提供氮源,而满江红则用自己制造的糖类去招待藻类,提供藻类需要的碳源,它们相依为命,合作得很好。檫树和杉树也是一对亲密的伙伴,檫树长有高大的树冠,为附近生长的杉树遮挡强烈的日光,而且檫树在冬季落叶,给大地盖上了一层厚"棉被",保证了地温不致过低,又使得杉树在冬天里能享有充足的光照。檫树就像一个无微不至的"大兄弟",默默地关心杉树的成长。

植物给人的启示

植物王国的成员们各具特色,本领非凡,常给人类以有益的启迪,使人们有所创造。相传,我国春秋时期的有名工匠鲁班,在上山砍柴时,被

长满锯齿的野草叶片划破了手指，鲜血直流。细心的鲁班灵机一动，回家后，仿照叶片的形状制造出了第一把锯。在 18 世纪 30 年代，一名英国的建筑师看到了王莲的大叶子，受到很大启发。王莲叶子的背面布满了由中心向四周放射的粗壮叶脉，支撑着巨大的叶面。于是，这名建筑师仿照王莲的叶脉，设计出了闻名世界的"水晶宫殿"，这种建筑顶棚跨度大，立柱少，构思新颖。许多树木的树干都呈圆锥状，底部大，上部小。这是一种沉稳的、防倒伏的理想几何形状，有利于植物增加稳固性，在风雨中纹丝

王　莲

不动。如果你仔细观察，就会发现古代的宝塔和现代的电视塔与雪松、云杉在形状上是多么相似。人们受到油棕、鱼尾葵等植物叶面的"之"字形结构的启示，发明了波形板、瓦楞纸板等新型建筑产品，它们具有较大的张力，可以承受外界施加的较大压力。人们看见玉米的叶片蜷曲成筒状，强度和稳定性增高，不怕风吹雨打，便仿照它设计出了没有桥墩的新式筒形叶桥，这种桥跨度大，更加坚固和漂亮。在植物王国，只要我们认真观察，积极思考，一定会发明创造出自己的专利产品来。

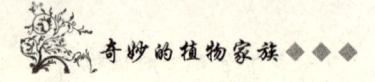

千姿百态的种子

植物的种子是卵受精后,直接由胚珠发育而成的。平时,人们常把含一粒种子的果实也称为种子。植物的种子颜色各异,五彩缤纷。除了人们常见的一些颜色外,还有一些特殊的色彩。如相思豆的种子是一半红、一半黑,非常有趣;蓖麻的种子镶嵌着由一种或几种色彩交织组成的花纹,美丽可爱,鲜艳夺目。种子的形态也各式各样,别具特色,有的呈圆肾形

鬼针草种子

(女娄菜),有的呈球形(芍药),有的呈歪三角形(杉松),有的像棉花(柳絮),有的像小船(长叶车前)。如果算上种子附属物,则种子的形状就更加奇妙怪异,趣味十足。白头翁种子(瘦果)长有细长的尾状宿存花柱,被风一吹,可以飘到很远的地方;萝莩和蒲公英的种子(瘦果)都长有雪白的冠毛,就像降落伞一样,可以随风远游到很远的地方安家;而榆树和槭树的种子都长有"翅膀",可以从树上滑行飞下,远走他乡;鬼针草的种子上长有带弯钩的刺,能够粘在动物的毛皮上,随动物们去旅行。从种子的重量来看,世界上最小的种子要属于斑叶兰了,它的种子简直同灰尘一

样，每粒只有0.000002克重；而复椰子的种子有25千克重，是当之无愧的世界冠军。

种子萌芽趣谈

种子是绿色植物传宗接代的希望。不同的种子，发芽力也不同。梭梭树的种子萌发得最快，掉在地上过2~3小时就会生根发芽；而大部分植物的种子会经过几个月甚至几十年的休眠期才会发芽。在加拿大结冰的淤泥中发现的北极羽扇豆的种子，是生命力最强的种子，历经一万年左右的时间，居然还能破土发芽。种子的萌发需要合适的条件，最离不开的条件有：

刚刚萌芽的种子

充足的水分、合适的温度、大量的氧气、适当的光照和肥沃的土壤。当这些条件都被满足时，种子内的各种酶便会活跃起来，把各种养料转化为可溶性的物质，运送到幼根和幼芽部位，以供生长发育用。同时，呼吸作用加强，会产生大量的二氧化碳。胚细胞也会不断分裂，最后涨破种皮，伸出幼根和子叶，长成一株嫩绿可爱的幼苗。有些植物的种子生命力极其顽强，在恶劣的环境中也能萌芽。例如，榕树的种子被鸟啄食后，随鸟粪落在别的树的枝干上。这些种子本领非凡，不用入土就可萌芽、生根。这些根悬挂在空中，逐渐伸入地面吸收养分，慢慢地把寄生的大树包围起来，越箍越紧，常常将被寄生者绞杀掉。还有的种子落在悬崖峭壁上，也能排除各种障碍，从根部分泌有机酸，腐蚀岩石，钻进石隙，最终长成一棵参天大树。

绚丽多彩的花朵

在植物王国的大花园中，约有20万~24万种有花植物。它们争芳斗妍，万紫千红，绚丽多彩，给我们的生活带来了无限的生机。曾有人对4197种花的颜色作过统计，发现白花占1193种，黄花占951种，红色占923种，蓝色占594种，紫色占307种，绿色占153种，橙色占50种，茶色占18种，黑色占8种。另外，还有很多花具有不同的相间或混合的颜色，加在一起会产生不下千百种的颜色。那么，花朵怎么会有这么多的颜色呢？原来，花瓣里含有许多调色剂，它们是花青素、叶绿素、胡萝卜素、类胡

绿月季

萝卜素等。其中，本领最大的是花青素，它在酸性溶液中呈现红色，在中

性溶液中变成紫色，而在碱性溶液中又变成蓝色。当不同浓度、不同比例的花青素、胡萝卜素、叶黄素等各种色素互相混合后，就会产生千变万化的色彩。

一般说来，以花青素为多时，可显红色、紫色和蓝色，如玫瑰等；以胡萝卜素、类胡萝卜素为多时，会显黄色、橙色和茶色，如菊花等；以叶绿素为多时，会显青色和绿色，如绿月季等。黄花和白花比较特殊，黄花不含花青素，主要是胡萝卜素起的作用；白花不含任何色素，它的细胞之间有许多气泡，会把各种光全部反射出来，而呈现白色。知道了这些知识，我们就会明白花为什么五光十色了。

花朵的气味

植物的花朵靠两大"绝技"来招引昆虫，一是色彩，二是气味。科学家们认为气味比色彩更重要，昆虫更多地是凭借气味找到自己需要的植物。例如，蜜蜂只能识别6种色调，却可以辨别多种多样的气味。通过显微镜，你会发现花瓣中存在许多油细胞，它们能制造出芳香油，芳香油的挥发性强，经阳光照射，便会散发出阵阵的清香。有的花细胞中还含有配糖体，酶素分解后，也能挥发出香味。人们发现，植物的花色越浓艳，香气就会越淡；相反，植物的花色越浅，香味就越浓。例如，椴树的花很小，但气味芬芳，老远就能闻到；南瓜和龙胆的花大而艳丽，很远就能看到，但几乎没什么气味。有人曾统计过，在香花中以白色为最多，红色次之，黄色第三，橙色最少。大部分的花并不香，小部分还有难闻的气味。例如，大花草的花有臭味，马兜铃的花有腐肉味，山楂树的花有盐水味。昆虫对花的气味也有选择。例如，蜜蜂、蝴蝶等对幽雅的花香格外喜爱，对臭味却置之不理；而大多数蝇类却对恶臭的花十分钟情。不管花是香是臭，都是植物为传粉昆虫做的特殊"安排"。

花的奇妙形状

花是种子植物所特有的繁殖器官，通过传粉、受精产生果实和种子，使种族得以延续。花是由枝条演变而来的，是一种节间极缩短的，没有顶芽和腋芽的变态枝条。典型被子植物的花一般是由花梗、花托、花萼、花

花　梗

冠、雄蕊群和雌蕊群几部分组成的。花梗和花托起支持花各个部分的作用；花萼和花冠合称"花被"，有保护花蕊和引诱昆虫传粉的作用；雄蕊和雌蕊合称"花蕊"，是花中最重要的生殖部分。花冠是所有花瓣的总称，常见的有唇形、蝶形、十字形、漏斗状、管状、高脚碟状、舌状等形状，真可谓奇形怪状，美不胜收。许多花在花枝或花轴上有次序地排列和开放，便组成了花序。花序分为无限花序和有限花序两大类。无限花序是在开花期间，花轴顶端继续向上生长，而花由下部依次向上开放，或由边缘向中心开放，它又包括穗状花序、伞房花序、总状花序、头状花序等类型；有限花序是在开花期内，花轴不再生长，产生侧轴，开花的次序是花轴和侧轴由上而下或由内向外进行，它又包括轮伞花序、螺旋状聚伞花序、蝎尾状聚伞花序等类型。如在日常生活中留意观察，就会发现许多千姿百态的花和花序。

形形色色的果实

一般说来，果实是由花的子房发育而来的，它包括由胚珠发育成的种子和由子房壁发育成的果皮两部分。例如葵花子，虽然叫做种子，但它是有子房壁的成分参加发育，所以是果实。日常生活中，人们常把小麦、水稻、大麻等果实叫做种子，事实上，它们都是由子房发育而来的，叫它们为果实才对呢。果实的颜色，在成熟之前，通常是绿色的，成熟后，不同植物果实的颜色千差万别，五颜六色，绚丽多彩。最标准的果实有三层果皮。例如桃子，它带毛的表皮就是外果皮；味美多汁的果肉就是中果皮；

草　莓

坚硬的果核则为内果皮。不过，许多植物果实的三层果皮分得并不清楚。有些植物的花托上有好多雌蕊，每个雌蕊都发育成一个小果实，这样的果实叫做聚合果，如草莓、蓬蘽等；有些植物的果实是由一个花序上的很多花发育而成的，这种果实叫做聚花果，如桑椹、菠萝等；有的果实叫真果，因为它是由子房发育而来的，如桃、李；有的果实叫假果，因为它是由子

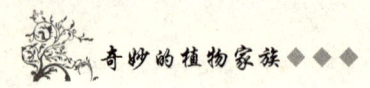

房和花托、花被共同发育而成的,如苹果和梨。有的果实肉厚多汁,叫肉果,包括核果(椰子)、浆果(葡萄)、瓠果(西瓜)等;有的果实外面包裹着一层干硬的壳,壳里面是种子,这种果实叫干果,如裂果(梧桐果实)、闭果(栗子)等。

水果变熟的奥秘

未成熟的苹果色绿、味酸、发硬,不好吃;成熟的苹果变得松软,色、香、味俱佳,很好吃。那么,是谁把生苹果变成了熟苹果呢?原来,这是一种叫做乙烯的化学物质在起作用。它能增加果皮的细胞通透性,加快叶绿素的分解,促进有氧呼吸,加速单宁和有机酸氧化,使水果变得又香又甜。乙烯对所有的水果都有这种作用。如果水果仓库中的一部分水果成熟了,就会释放出乙烯,导致其他水果跟着成熟。因此,人们常把水果存放在氧气浓度低、二氧化碳浓度高的地方,抑制果实中乙烯的产生,以保持水果的新鲜度。当人们想尽早吃到成熟的水果时,便可把乙烯请来帮忙。乙烯还有一种神奇的作用,就是能将瓜类的雄花转变为雌花,提高结果率。另外,它还是一种生长抑制剂,可刺激叶子脱落,抑制茎的生长。

形态万千的叶

一张完全的叶,通常由叶片、叶柄和托叶三个部分组成。植物种类不同,叶片的形状也千变万化。日常生活中,比较常见的有圆形、椭圆形、心形、扇形、针形、箭形、管形等形状。还有一些植物,由于长期对特殊环境的适应,叶片变得奇形怪状,称为变态叶。例如,生长在沙漠中的仙人掌,为了适应干旱的环境,叶片逐渐退化,变成了针刺状,大大减少了蒸腾面积;会攀援的豌豆的叶卷须,是由它的羽状复叶顶端的小叶片变来的,会紧紧地缠住高处的物体,使豌豆越爬越高;在洋葱、大蒜等的鳞茎上包裹着肥厚的肉质鳞叶,也是由叶子变成的,可供人们食用;生长在热带雨林中的菩提树,为了适应潮湿多雨的环境,它的叶片尖端延长成尾状,使树叶分泌的大量水分能及时从叶尖部滴下来,以代替蒸腾作用……叶子的大小悬殊,柏树长着世界上最小的叶子,只有几毫米长;长叶椰子的叶子是世界上最长的叶片,可达27米;而智利的大根乃拉草长着面积最大的叶子,它的一张叶片能将三个并排骑马的人连人带马全部盖住。还有一些植物的叶子丢失了某些部位,变成了不完全的叶。例如,台湾的相思树,叶片完全退化,连托叶也没有,仅剩下一个叶片状的叶柄。

会吐水的绿叶

日常生活中,我们常会发现,即使没有下雨,生长在潮湿地方的植物也会有一滴一滴的水珠挂在叶尖和叶缘,像一粒粒晶莹剔透的珍珠,非常漂亮。原来,这些水珠是绿叶吐出来的。在植物的叶尖或叶齿表面分布着许多排水孔,叫水孔。它们与植物体内的运输通道相通,植物体中的水分就会不停地从水孔穿出,形成吐水现象。在白天,由于温度高,空气干燥,水孔吐出的水分会很快地蒸发掉,所以很难看见叶子上有水珠。而在傍晚或比较潮湿的地方,如果温度高、湿度大,叶子里的水分不能及时蒸

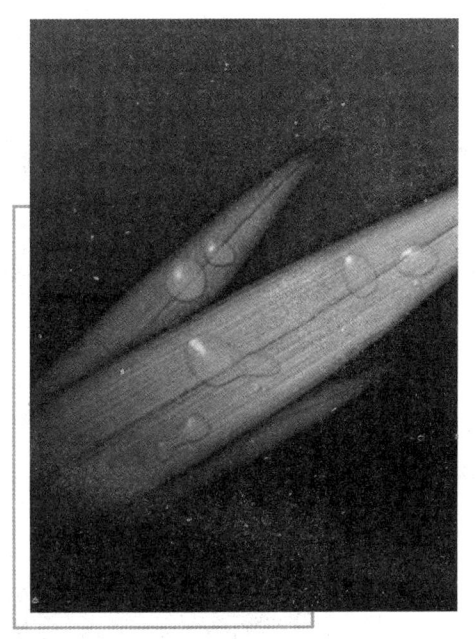

沾有水珠的叶子

散出去,可根还在不停地吸水,那么过多的水分便会钻出水孔,停留在叶片上,形成绿叶吐水的现象。植物不同,吐水量也不同。在热带地区,有的植物吐出的水量惊人。例如,青芋的幼叶吐水量最大时可达每分钟200滴水,一个晚上能装满100升的容器。而雨云实的叶片也不甘示弱,从它叶片上滴下的水珠简直像在下雨。有丰富生产经验的人,很注意观察吐水现象,

常把庄稼的吐水作为长势强弱的标志。如果庄稼吐水较多，说明根系发达，吸水能力强，长势好；如果在早晚没有发现庄稼有吐水现象，则说明根部生病了，需赶快治疗。

奇妙的绿色工厂

在炎热的夏日，人都都喜欢呆在浓密的树叶下面乘凉。但不知你是否想过，叶子为什么是绿色的？原来，在绿叶中长有一种极微小的叶绿体，它含有叶绿素和其他几种色素。叶绿体之所以呈绿色，就是因为含有叶绿素；植物的光合作用就是在细胞中含有叶绿素的部分发生的。叶绿素能吸收太阳光来分解水，同时还原二氧化碳，不仅放出了氧气，而且在叶子内

植物的叶子

形成了富含能量的有机物质；最初产生的是糖类，接着形成蛋白质和脂类物质。产生糖类的过程就被称为植物的光合作用。光合作用对于整个生物界来说真是太重要了，不仅提供绿色植物自己生活所需的食物，而且提供动物和人类赖以生存的食物和氧气。因此，人们把能进行光合作用的绿叶称之为庞大又奇妙的"绿色工厂"。据估计，在地球上每年约有200亿吨二

氧化碳被绿叶转化为有机物，而绿叶每年放出的氧气量约有535亿吨，使大气中氧气和二氧化碳含量比较恒定。总之，我们吃的、用的，都是直接或间接地来自植物的"绿色工厂"。

奇形怪状的根

神奇的大自然创造出千千万万种植物，而这些植物的根又是千姿百态，形态万千。日常生活中，比较常见的根为直根系和须根系。如大豆的根为直根系，它的主根粗大，侧根多而较细；小麦的根为须根系，在茎秆基部生有许多胡须状的不定根。我们平常吃的萝卜、胡萝卜、甜菜和甘薯等，则是一种变态根，有的呈圆锥形，有的呈纺锤形，有的呈圆柱形，它们贮

植物的根

藏着大量的淀粉和糖类物质。在自然界中还有许许多多稀奇古怪的根，它们的构造和功能也发生了很大的变化：玉米秆下部的节上向周围伸出许多不定根，它们长得粗壮结实，向下扎入土中，能够帮助玉米秆稳固直立，所以也叫支持根；海桑树附近的地面上会长出向上的根，这些根露在空气中，内有发达的气道，有利于生长在淤泥中的海桑树进行空气流通和贮存，

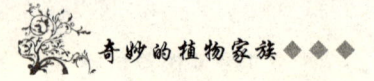

所以叫呼吸根；常春藤幼时生有无数的不定根，它们很像刷子，能分泌胶水状的物质，使常春藤牢牢地粘在树干或墙壁上，从而爬上高处，这种根叫攀援根；菟丝子的吸根，会伸入寄主体内吸收寄主的营养，过不劳而获的生活，这种根叫寄生根。还有一些根，如榕树的气生根，香龙眼树的板状根，它们都起着不同的作用。

到根中去看看

根是植物的主要营养器官之一。主根由种子的胚根发育而来，几天之后，从主根生长点后面的组织中长出侧根，这些侧根再逐渐分生出次级侧根。所有的根形成庞大的根系，深深扎在土壤中，伸向四面八方。由于庞大的根系牢牢抓住了土壤，植物便站稳了脚跟，不怕风吹雨打。向地生长的初生幼根有几个明显的生长区：根冠、生长点、伸长区、根毛区。根冠就像一顶头盔，紧紧戴在根的尖端，保护着内部幼嫩的生长点。生长点的细胞能不断分裂，使根越长越长；伸长区的细胞则具有很强的伸长能力。根毛区着生有密集的根毛，是起吸收功能的主要部分。根尖向着有水的地方不断挺进，遇到岩石或坚硬的土壤，或绕道而过，或分泌酸液把障碍物溶解掉。根毛是根吸收养分和水分的主要部分，它的细胞壁上含有不少的果胶质，使它更加紧密地与土壤颗粒相接触。有人测算过，豌豆在1平方毫米的根上有根毛230条，玉米420条。这些小根毛就像是"微型水泵"，不停地从土壤中吸收水分和养料，传送至根中的导管，并继续向上输送，到达茎和叶，作为植物制造营养物质的原料。有些植物的根还能传宗接代，例如，山杨长有许多横根，能萌发出幼苗，并能在十几年后形成天然次生林。

千变万化的茎

日常生活中，人们常根据质地将茎划分为木质茎、草质茎和肉质茎。木质茎中木质化细胞较多，质地坚硬；草质茎中木质化细胞较少，质地较

柔软；肉质茎肥厚多汁，质地柔软。如果换一种方式，按生长习性则可把

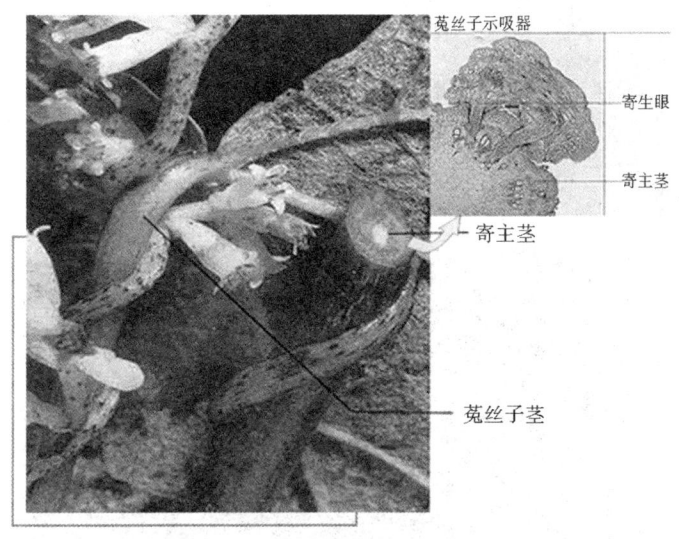

植物的茎

茎划分为缠绕茎、攀援茎、直立茎和匍匐茎。经过长期的演化，有些植物的茎的形态发生了变化，很难让人相信它们就是茎。其实，它们都具有茎的特征，都有节、节间和顶芽，只不过不明显罢了。例如，莲藕很像是根，但它有明显的顶芽、节和节间，节上还有侧芽和退化了的小鳞片，并能自节部生出不定根，所以，它还是茎，只不过要叫根茎。马铃薯的地下茎短而膨大，呈不规则的块状，上面生有许多小眼，里面藏着它的小芽，芽眼呈螺旋式排列，这就是茎节的痕迹，上下两个芽眼之间便是节间，人们把马铃薯称为块茎。茎还有许多变态种类，如仙人掌的叶状茎，皂荚的刺状茎，葡萄的茎卷须，洋葱花序上的小鳞茎，慈姑的球茎，大蒜的鳞茎等等。这些茎发生的变化，是植物长期对环境的适应形成的，并对植物的生长极为有利。不管植物们的茎如何变化，只要我们掌握了茎的基本知识，就会毫不费力地将它们找出来。

会报时的植物

每天,各种植物开花的时间基本是固定的。例如,清晨3点左右蛇麻花开,4点左右牵牛花开,5点左右野蔷薇花开,6点左右龙葵花开,7点左右芍药花开,10点左右太阳花开,12点左右鹅鸟菜花开,下午3点左右万

蛇麻花

寿菊花开,下午5点左右紫茉莉花开,傍晚6点左右烟草花开,晚上7点左右丝瓜花开,夜晚10~12点左右昙花开放。著名植物学家林耐曾把一些在不同时间开花的植物种在花坛中,栽成一个"花钟",只要看一看花坛中的花,便可知道大约几点钟了。每年,不同的植物开花季节也不同。因此,根据开放的鲜花便可知道是几月份。人们根据这个特性曾归纳成一首诗:

> 一月腊梅傲寒冬,二月红梅雪中艳;
> 三月迎春报春来,四月牡丹花盛开;
> 五月芍药格外美,六月栀子花芬芳;
> 七月荷花满塘开,八月凤仙花开怀;
> 九月桂花十里香,十月芙蓉花怒放;
> 十一月菊花千百态,十二月象牙红开颜。

植物的开花时间是与客观条件分不开的,如温度、湿度、光照等,也与自己的生长需要和习性紧密相关。它们这种定时开花的特性,是长期自然选择和适应环境的结果。

记载历史的年轮

在木本植物茎干的韧皮部内侧,有一圈生长特别活跃、分裂也极快的细胞层,叫做形成层。形成层细胞不断分裂,向内形成新的木材,向外形成韧皮部分。在每年的一定时期内,形成层的细胞就要进行分裂,根和茎便逐渐增粗加厚了。从锯下的树木横断面上可以看到一圈圈的环纹,这就是树木一年所形成的木材,植物学上称为年轮。根据树木年轮的数目,可

树木的年轮

以推算树木的年龄。一般来说,树木具有多少环就是多少岁。但个别植物除外,例如,柑橘,一年能产生三个年轮,所以估计它的年龄只能是一个近似的数字。年轮中隐藏着许多知识,根据年轮的宽窄,可以了解到树木的成长历程,能够判断出当地历史上的气候状况,甚至可以发现年轮中记录的诸如火山爆发、地震等环境变迁资料。例如,美国的科学家发现火山

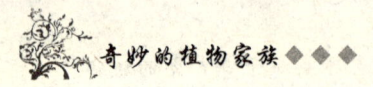

爆发后，会使温度降低，甚至达到冰点以下，会给树内留下一道霜轮。他们考察了东印度群岛的刺果松，发现这种树中霜轮出现的时间正好是岛上坦波拉火山爆发的时间，那是1816年夏天发生的事了。所以，搞清年轮中的秘密，会让我们了解过去促成气象的自然力量是什么，还可以帮助人类预测未来。

不用种子繁殖的植物

自古以来，农业上习惯以天然种子播种获得更多的收获。可是在自然界中，还有许多不用种子也能繁殖后代的植物。例如，草莓可以用匍匐茎来繁殖，秋海棠可以用叶来繁殖，大蒜可以用鳞茎来繁殖，马铃薯可以用块茎来繁殖，竹子可以用根茎来繁殖，可谓五花八门，无奇不有。人们常根据不同植物的特性，采用不同的繁殖方法。例如，葡萄、油茶、杨树、柳树等植物，可以截取它们营养器官的一段，如根、枝、叶等，上面生有不定根和不定芽，插在土中进行繁殖；丁香、草莓、刺槐等植物在根茎和枝条上直接就能产生新的植株，可以人工分离，分别栽植；而桑树、石榴等植物，可以用土将它们的枝条埋住，只留下枝条的顶端，待生根后再分离开，单独种植。人们还经常使用嫁接的方法，即将一棵植物的枝条接种在另一棵有根植物上。例如，将一棵苹果树的茎（或枝）切断，在切口上安放一株梨树的枝条，仔细包扎好，精心培育，几年后便会在苹果树上长出梨来。随着科学技术的进步，更高级的植物繁殖方式已经产生，例如，用花粉培育植株，用植物的体细胞培育植株，令人耳目一新。

会发光的植物

在秘鲁的欧冬利维森林中，有一种能发光的花。科学家们经过研究发现，它的花瓣上有一种会发光的微细胞，内含两种色素，能够发生化学反应产生光亮，非常神奇。无独有偶，在非洲中部也有一种会发光的花。不同的是，这种花的花蕊和花瓣中含有大量的磷，它在夜晚开放时，花中的磷与氧气接触,便会发出一闪一闪的亮光,格外迷人。在植物王国中,还有一些会发光的树。在非洲生长着一种奇特的树,在白天看上去与别的树没什么区别,可是到了晚上,它全身会发出明亮的光,人们可以在树下看书,或做针线活,一点都不觉得暗。原来,这种树含有大量的磷,遇氧便会燃烧,发出荧光。我国的贵州省也长有一种珍奇的发光树。它十分粗大,

会发光的树

枝繁叶茂,每到夜晚,叶缘便会发出半月形的闪闪荧光,好似一弯明月,当地人都称它为月亮树。这种树是第四纪冰川之后的幸存品种,因此珍贵无比。

会睡觉的植物

人和动物都要睡眠,以消除疲劳,恢复体力。有趣的是,有些植物也会"睡觉",而且分为晚间"睡眠"和午间"睡眠"两种类型。植物学家认为,晚间"睡觉"的植物有利于生长,例如,花生、合欢、含羞草等植物的叶子在夜间下垂或闭合,可以减少蒸腾作用,保留热量不致散失;而睡莲、郁金香等植物在夜晚将花瓣关闭,可以避免娇嫩的花朵被冻伤。因此,晚间"睡觉"的植物生长速度较快,生存竞争性更强。植物不仅会在

夜晚"睡觉"，有的植物还有"午睡"现象，如小麦、水稻、大豆等。科学家们认为，引起植物"午睡"的最重要原因是高温。夏天的中午，天气酷热，温度极高，湿度极低，植物不得不加快加大蒸腾作用，渐渐地根部吸

在"午睡"的水稻

收的水分便显得不够用了。为了减少水分的散失，植物不得不逐渐关闭气孔，二氧化碳被拒之门外，光合作用严重受阻，植物就会出现"午睡"现象。当然，植物的"午睡"还与其他一些因素有关。但不管怎样，光合作用降低的农作物，它们的产量也会降低。因此，科学家们正想方设法克服植物的"午睡"现象。

会探矿的植物

大地辽阔而富饶，地下更蕴藏着难以估量的矿藏。千百年来，人类为了探矿，花费了大量的时间、金钱和劳力，但只开采出地下财富的很少一部分。最近几十年来，科学家们惊喜地发现，某些植物喜欢在特定的矿床上生长。例如，生长针茅的地方可能有镍矿，生长羊栖菜的地方可能有硼矿，生长石南草的地方可能有锡矿和钨矿，生长狼毒的地方可能有铍矿，生长蒿子和兔唇草的地方可能有金矿，生长桧树的地方可能有铀矿等等。

有趣的是，生长在矿床上的某些植物会改变自己的相貌。例如正常生长的白头翁，开很大的花朵，浑身密被白色长毛；而生长在镍矿上的白头翁则变成蓝色，花瓣撕裂或消失，只有赤裸的雄蕊，根据这个特征便可找到镍

白头翁

矿。另外，同一种矿藏可以有几种不同的指示植物。例如，铜矿指示植物在澳大利亚为石竹科的一种植物，在中国则为海州香薷，在乌拉尔则为一种开蓝花的野玫瑰。很多指示植物还能把土壤中所含的矿质元素浓集到体内，简直成了"植物矿石"。例如，生长在锶矿上的柳树叶子中积存的锶是标准量的30～40倍；生长在锌矿上的一种锌草，它的1千克灰分里含锌量竟达294克。人们从这些植物里提取所需矿物质元素，既简单，又容易。

能预测风雨的植物

在我国南方有一种风雨花，它原产美洲，是石蒜科的一种多年生草本植物。它的叶子很像韭菜，鳞茎圆形，在春夏之季开出白、红、黄等颜色的花。有趣的是，每当暴风雨到来之前，它就绽放开大量的花朵，向人们预报风雨的来临。原来，在气温高、气压低、水分蒸发量大的情况下，这

种花的鳞茎内开花激素倍增,刺激花芽迅速生长,因而具有风雨快来之前

风雨花

便开花的特性。在新西兰和澳大利亚,生长着一种报雨花。它的花瓣呈长条形,有各种颜色,类似菊花。报雨花的花瓣对湿度敏感,当空气湿度较高时,花瓣就会萎缩,将花蕊紧紧包起来;当空气湿度较低时,它的花瓣又慢慢向外伸展。因此,当地居民常根据它的变化来预测天气。植物王国中,还有一些"义务气象员",如茅草的叶茎交汇处冒水沫,结缕草的叶茎交界处出现霉毛团,都提示人们天要下雨了。柳树和龟背竹也是"业余气象员",我们在本书中另有介绍。

使人产生幻觉的植物

曼陀罗又叫洋金花,自古以来,人们便知道它有麻醉作用。曼陀罗属于茄科一年生草本植物,全身几乎不长毛。叶片呈卵形,叶缘有波状短齿。它在夏天开花,花单生,直立;花萼筒状,花冠漏斗状,好似一个长柄喇叭;花有白色、紫色和淡黄色。它在秋天结实,果实有花生米大小,外被许多针刺,使人不敢接近。曼陀罗含有颠茄类生物碱,能使人麻醉昏倒,

曼陀罗

有时，还会使人产生许多怪异幻觉。在很久以前，人们常用它做蒙汗药。现在，它已成为临床上常用的麻醉镇痛药。有一些仙人掌科的植物，肉茎中含有一种生物碱，人吃少量后，便会颤抖、出汗，1~2小时后进入幻觉状态，举止古怪，做事荒诞。大麻中也含有一种麻醉剂，大量服用后，使人血压升高，瞳孔扩张，并产生奇怪的幻觉。真菌中也有一些致幻的蘑菇，如毒蝇伞含有毒蝇碱，人食后会产生看什么东西都变得很大的幻觉；小美牛肚菌正相反，它使人产生看到的东西都变得渺小的幻觉。目前，人们已从许多致幻植物中提取有效成分，用于临床治病。这里要告诫大家，这类的植物都有毒副作用，有的过量服用还能致人死亡，所以千万别食用！

能预测地震的植物

地震的发生常常出人意料，造成的后果又相当严重。千百年来，人们不断地寻找可以预测地震的方法，力求及早采取措施，把地震造成的损失降低到最小程度。科学家们发现，地震发生前的异兆能引起植物异常的生长发育和开花结果，因而可以作为预测地震的"报警植物"。例如，在1970

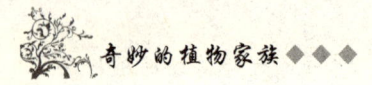

年初冬，宁夏隆德县的蒲公英提前开花，一个月后，60多千米外的西吉就发生了5.1级的地震；1972年，上海郊区的山芋藤突然开花，不久，长江口区发生了4.2级的地震；1976年，唐山地区的竹子开花，柳树枝梢枯死，之后不久，发生了损失惨重的唐山大地震。日本科学家对这些异常现象进行了深入的研究，用高灵敏的记录仪对合欢树进行生物电位测定，并认真分析了几年来的记录，发现这种植物能感知火山活动和地震前兆的刺激，从而出现明显的电位和电流变化。1978年6月10日和11日，合欢树出现异常大的电流，12日异常电流更大，当天下午5时左右，日本的官城县海域便发生了7.4级地震，余震持续了10余天，电流也随之趋小。科学家认为合欢树的根系能够捕捉到地震前伴随而来的地温、大地电位、磁场等因素的变化，从而导致植物体内的电位也发生相应变化。因此，植物的反常现象对预测地震有重要的参考价值。

会纵火的植物

在澳大利亚生长着一种桉树，它能分泌一种香精油，这种香精油在干旱酷热的环境中便会自燃，从而引起森林大火。曾经有一年里，由桉树排出的香精油引发了几百次森林大火，造成了巨大的损失，所以当地人都称它为"纵火树"。在美国的加利福尼亚州，过去经常发生一些不明原因的火灾。经过多年不懈的调查，科学家们终于发现了纵火的"凶犯"，它就是白叶鼠尾草。原来，白叶鼠尾草会散发出一种叫做单萜的无色有机物，这是一种易燃物质，当空气中的单萜达到饱和状态时，如遇到高温的天气便会燃烧起来，酿成火灾。在东南亚的森林中，生长着一种叫"看林人"的花，

桉 树

在它的叶茎和花朵里,富含一种挥发性极强的芳香油脂,在干燥灼热的条件下,这种芳香油脂就会大量地进入空气中,一旦温度达到燃点时就会自燃起来,引起火灾,将大片的森林烧掉。这些会纵火的植物很让人们头疼。

会发热的植物

在南美洲中部的沼泽地里,生长着一种叫臭菘的极地植物,它具有一片漏斗状的佛焰苞,把中央的肉穗花序包得严严实实。在持续两周的开花期间,天气依然很寒冷,而佛焰苞内的温度却总是恒定在22℃,比外界的气温高20℃左右。最后,还是科学家们揭开了它的秘密。他们发现臭菘的花朵中存在许多产热细胞,细胞内的一种酶会氧化碳水化合物,释放出大量的热量,从

臭 菘

而保持较高的恒定温度。无独有偶,有一种叫喜林芋的植物,是用脂肪作为"燃料"来产生热量,效率比臭菘还高,花中的温度可达到37℃。在北极生活的植物,则有自己独特的本领。它们都有追逐太阳的习性,能像孵卵器那样聚集热量,保持花中的温度比外界高一些,所以,在冰雪中也能开花结实。有些人认为,植物的花朵产热有助于加速花香的散发,从而招引昆虫来传粉;而发热的花朵也像一间间暖房,引诱昆虫前来躲避严寒,顺便就完成了传粉。还有的人认为,花朵产热会延长自身的繁殖时间,于是更加容易地开花结果,传宗接代。关于植物花朵发热的问题,现在仍旧众说纷纭,有待人们发现更多的证据,彻底揭开其中的奥秘。

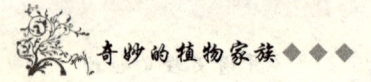

奇妙的植物家族

吃人的植物

多年来，有关植物吃人的报道一直没有间断过，常常使人们迷惑不解。据说在印度尼西亚的爪哇岛上，生长着一种奠柏树。它长有许多柔韧的枝条，长长地拖在地上，要是人们不小心触碰其中的一根枝条，整棵大树的枝条就会都伸过去，将人紧紧缠住，并且快速分泌出一种黏液，将人牢牢粘住，慢慢地消化掉。这种胶液是一种名贵的药材，人们常常要冒险去采集。当地人常用一筐活鱼将树喂饱，树吃饱后便懒得动了，这时，采胶工作就安全了。还有人说，在非洲的中南部有一种长满地状枝芽的树，这些枝芽平时伏在地上，如有人触碰，枝芽就会迅速跃起，将人裹住，并迅速刺入人体，直至吸光人的血液。曾有一名德国的探险家叙述了在非洲马达加斯加岛上的经历，说亲眼看见被当地人奉为树神的吃人树吃人的经过。这一说法很快传遍了全球，于是一批南美科学家为此专程去那里实地考察，但只发现了一些食虫植物。因此，他们认为所谓的吃人植物，可能是人们根据食虫植物杜撰出来的。然而，在人类踏遍地球上每个角落之前，断然肯定或否定都不是科学的态度。

长手的植物

芸香科植物中有一种名叫佛手的树木，它有几米高，枝条上长着许多锐利的长刺，容易刺伤人。佛手的果实十分稀奇，果实下部的一小半呈椭圆形，上部剩下的一大半分裂成十多根长短不一的"手指"，就像一只人手，所以人们习惯称它为佛手。佛手金黄鲜艳，香气浓烈，但不能吃，味道很差，常作为一种中药给人治病。葫芦科植物中有一种佛手瓜，它的果实下端膨大，上端有数条沟纹，颇像一个人的拳头，因而人们也叫它"佛手"。佛手瓜也是一种胎生植物，它的种子离开瓜便不能萌发，必须在瓜中长成幼苗，这样有利于后代生存。在危地马拉的森林中，有一种奇特的手花。它的花萼向下耸起一个有5条像手指头一样的掌形花冠，乍一看，很像

34

人的5个手指头，手花的名字也由此而来。

佛手瓜

会搬家的植物

　　南美洲有一种飞草，当土壤干旱时，它就把根从土中拔出，卷成一个小球，随风游荡；当遇到水分充足的地方时，便会重新扎根生长。非常有趣的是，在地中海东部的沙漠地区也长有一种会"搬家"的草，叫做含生草。含生草属于十字花科，非常稀有。它对自己未成熟的果实种子十分"疼爱"，一遇上干燥的天气便抖落身上所有的叶片，枝条向内弯曲成一团。风也会帮它的忙，将它连根拔出，吹着它在地面上滚动。如果滚到湿润的地方，它就会露出根来，重新扎入土中，并打开枝条，继续养育种子直至成熟。更有趣的是，在美国西部地区，竟有一种会"搬家"的树——苏醒树。当水分充足时，它长得枝繁叶茂；当干旱炎热时，它就把根抽出来，弯成一个球状物，随风滚动。当被吹到有水的地方时，它又重新扎根"落户"，开始新的生活。

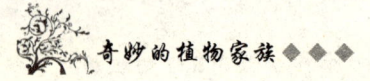

令老鼠胆寒的植物

老鼠不仅糟蹋庄稼和粮食,而且传播鼠疫等严重疾病,给人类的生活造成很大的威胁。所以,千百年来,人们想方设法防治老鼠。说来有趣,有些植物是老鼠的天然克星。在加里曼丹生长着一种食鼠草,它长有一个几十厘米长的捕囊,边上有刺,能吞食老鼠、小鸟等动物,昆虫就更不在话下了。在罗马尼亚有一种琉璃草,它含有一种生物碱,能够作用于老鼠的神经系统,将其杀死。紫草科中有一种叫药用倒提壶的植物,人们也叫它"鼠见愁",是著名的驱鼠植物。它能散发一种老鼠无法忍受的气味,老鼠一旦闻到,立刻逃避,甚至宁可跳入水中,也不敢越过有这种植物的地方。爵床科有一种植物叫老鼠筋,茎叶上长有尖锐的刺,把它放在老鼠出没的场所,老鼠便望而生畏,绝不逾越。忍冬科中的接骨木是一种落叶灌木,它含有一种特殊的挥发气体,对老鼠有剧毒,老鼠闻之即逃。有些地区的人们常把接骨木放在谷仓中,从而避免了老鼠的光顾。另外,还有一些植物,如闹羊花、稠李、毛蕊花等等,要么含有灭鼠的有毒物质,要么散发出鼠类不能忍受的气味,令老鼠们心惊胆战。

会发射子弹的植物

有些植物传播种子的方式很特别,就像发射子弹一样将种子射出去。在欧洲南部的高加索地区,生长着一种叫喷瓜的植物。它的果实与黄瓜相似,成熟的果实里面挤满了黏液,对果皮产生很大的压力,一经碰撞或熟落时,果皮就会突然裂开,发出"砰"的一声,里面的黏液夹着种子喷射而出,射程可达6米。凤仙花很漂亮,而它的果实却碰不得。它的果实呈椭圆形,成熟后只要碰它一下,它就会"爆炸"开来,5片果瓣急剧向内卷缩,将种子弹出1米开外,因而人们也叫它"别碰我"。美洲有一种沙箱树,它的果实成熟开裂后,发出巨响,能将种子射出10多米远。北非的沼泽木犀草是名副其实的"射击冠军",它的果实成熟时会骤然裂开,发出像枪声一样的声音，射出种子，有效射程可达 15 米。其实，日常生活中，我们熟悉的豌豆、黄豆、绿豆也都会弹射种子，只不过距离稍近罢了。这些植物都有发射种子的高超本领，因而都是自播植物。

能产"大米"的树

在菲律宾、印度尼西亚等东南亚国家的岛屿上，生长着一种能产"大米"的树，名叫西谷椰子树，当地人称它"米树"。

西谷椰子树树干挺直，叶子很大，约有 3~6 米长，终年常绿。树干长得很快，10 年就可以长成 10~20 米高，但是这种树寿命很短，只有 10~20 年，一生中只开一次花，开花后不到 12 个月就枯死了，结的果实只有杏子那么大。它的树皮坚韧，但里面却很柔软，全是淀粉。开花之前，是树干一生中淀粉贮存的最高峰。然而奇怪的是，这些积

西谷椰子树

存了一生的几百千克的淀粉，竟会在它开花后的很短时间内消失光，枯死后的米树只剩下一株空空的树干。所以要在它开花之前将它砍倒，切成几段，然后再从中劈开，刮取树干内的淀粉。接着将它们浸在水里搅拌，水就变得像乳白色的米汤一样，然后将沉淀的淀粉加工成一粒粒洁白晶莹的"大米"，人称"西谷米"。用它做饭，就像普通米饭那样香软。自古以来，米树生产的"大米"一直是当地人的重要食粮。据测定，这种米所含的蛋白质、脂肪、碳水化合物等，一点也不比大米差。目前世界上仍有几百万人还依靠西谷米维持生活。此外，西谷米不怕虫蛀，可以用来做纺织工业的浆料，在市场上很受欢迎。

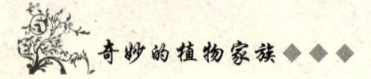

能出"乳汁"的树

如果你在无花果树干上砍上一刀,它就会从伤口里流出一滴一滴乳白色的液体。在植物界里,像无花果那样能流出乳汁的植物还真不少。这些乳汁有的可以做橡胶原料,有的可以提炼石油,有的还真可以像牛奶、羊奶等动物的乳汁那样供人类享用呢。

在南美洲的厄瓜多尔等国家,许多居民的房子周围都种有"牛奶"树。它的树身粗壮高大,树叶闪闪发亮。如果割破这种树的树皮,就会流出白色的乳汁,味道和营养价值都和牛奶相似,当地居民就把这种乳汁用清水冲淡煮沸代替牛奶饮用。如果把树皮划一个口子,一小时内可流出1升左右的乳汁。有趣的是,这种乳汁还不能放太长时间,否则就会变质;用锅煮时,面上还会出现一层蜡质,当地居民用它做成蜡烛供照明用。

在巴西的原始森林里还生长着另一种"牛奶"树,人们只要用刀割破这种树的树干,马上就会喷出白色乳汁。每棵树每次能挤出2~4升"牛奶",味道略有些苦辣,但只要冲水煮沸,苦辣味就会消失,成为富有营养的美味饮品。在巴西的邻国委内瑞拉的森林里,也生长着一种能出"牛奶"的树,它产的"牛奶"不需加热煮沸就能喝,而且味道更好。

含有乳汁的植物还有很多种,但很多植物的乳汁是不能吃的,这点千万要注意。如甘遂的枝条和叶子里的乳汁含有剧毒,只要有一小滴滴在人的舌头上,就会让人感到非常难受;如果吞下去一些,就会有被毒死的危险。

能产糖的树

人家都知道甘蔗可以制糖,但说到用树的汁液熬糖,可能就比较陌生了。在北美洲的加拿大,生长着一种产糖的糖槭树,又称为糖枫树,是著名的糖科植物之一。每当秋风送爽的时候,成片的糖槭树上挂满了红艳艳的叶子,犹如灿烂的朝霞,十分美丽。加拿大人把瑰丽的槭树叶视为国宝,并当作自己国家的标志,在他们的国旗、国徽的图案上都绘有一枚红艳艳的槭树叶。

糖槭树

糖槭树是一种落叶大乔木，树形高大，在它的树干中，含有大量的淀粉，到了寒冷的冬季就变成了糖。第二年春天，随着气温的增高，糖又变成了流动的树液。一般15年以上的糖槭树就可以采集树汁，人们只要在树干上打孔，插上管子，白色的树汁就会顺管子流入采集桶内。每个孔可采集100多千克树液，可以制纯糖2~5千克，每株树可连续产糖50年，有的可达百年以上。

用糖槭树液熬出的糖浆，俗称"枫糖"，营养价值很高，可与蜜糖媲美，具有润肺、开胃的功效，用它来制作的糕点、软糖、硬糖等香甜可口、清香宜人。每年3月开始，加拿大人都要兴高采烈地欢庆传统的糖枫节，品尝大自然赐与他们的甜美食品。

除糖槭树外，亚洲热带地区还有不少糖科树种，如柬埔寨境内一种名叫"糖棕"的树，一株大树一年可以产糖50千克以上。

会长棉花的树

在我国南方，生长着一种长棉花的大树，名叫木棉。它的树干笔直、挺拔、粗壮，可以长到20～30米高。春季，木棉先开花，后长叶，花朵都长在枝头，为红色或橙红色，有碗口大小，非常美丽动人。由于不见叶子，远远望去满树花红如火，被广东人誉为"英雄树"，并被推为广州市市花。

木　棉

木棉结的果实很大，呈白色长椭圆形，成熟之后会自动爆裂，里面的黑色种子便随棉絮飞散。因为木棉树身高大，如果不在果实开裂前攀上树枝采摘，棉絮就会随果实的爆裂而散失，所以云南人称它为"攀枝花"。

木棉分布在我国云南、贵州、广西、广东及金沙江流域，容易栽种，生长迅速。由于它树干高大，花大而艳丽，所以为著名的观赏树种。木棉的经济价值也较高，它的纤维柔软纤细，弹性好，不怕压，适宜做座垫和枕芯。毛绒也很轻，不容易湿，因此浮力较大，据试验，每千克木棉可在水中浮起15千克重的人体，因此可以用来做救生圈、救生衣的填充物。另外，木棉的木质轻软，可以做包装箱板、火柴梗、独木舟。木棉花还可以泡茶饮用，做药还可以治疗肠炎和痢疾。

"摇钱树"

在我国古代，丝绸和黄金一样珍贵，当作货币来流通。帛是丝绸的总称，"财帛"和"钱帛"都是把丝绸同钱财连在一起的称呼，人们种桑养蚕，织丝成绸，使钱财滚滚而来，于是桑树也被人看作摇钱树。

桑 树

桑树是一种落叶乔木，桑叶为卵形，是蚕的理想饲料。据统计，1000条蚕从小到吐丝结茧要吃20千克的桑叶，才能吐0.5千克的丝。桑树的果实叫桑椹，可以食用。桑树的根、枝、叶、皮、果都具有药用价值，可以说浑身是宝。

桑树不仅具有重大的经济价值，在古人眼里，桑树还是一种圣洁无比的神树。在庙宇祭坛周围，人们往往栽上一大片桑树，取名桑林，作为皇室贵族祭祀祷告的神地。在中国的最早的文字里面，就有桑、蚕、丝、帛等等字形。

中国是世界上种桑养蚕最早的国家，桑树的栽培至少有7000多年的历史。西汉时期，丝绸由"丝绸之路"传到西亚和古罗马，马上引起轰动，那流光溢彩、轻盈美丽的丝绸使得皇室贵族们口瞪目呆、大为惊叹,把它看成是"天堂里的神物",是一个"美丽的梦"。当时的欧洲人对蚕桑毫无所知,以后罗马人和其他欧洲人便千方百计地从中国窃取丝绸的秘密,几经周折,蚕桑终于外传了。

皂荚树与洗衣树

在农村的一些庭院里,我们常常可以看到一种10来米高、树枝上有刺的树木,它就是皂荚树。秋天,皂荚树上结着像镰刀一样的荚果,长12~28厘米,宽约3厘米。很久很久以前,人们就用它来洗衣服了,洗出来的衣服还特别清爽。皂荚为什么能洗衣服呢?经过分析,原来在皂荚的荚皮中含有皂角蕾,因为它的作用像肥皂,又叫作皂素,正是这种皂素,能像肥皂一样产生泡沫,把衣服上的脏东西清理干净。

而在地中海南岸的阿尔及利亚,生长着一种普当树,意思是"能除污秽的树",用它洗涤出来的衣服非常洁净,因此也被称作"洗衣树"。当地居民只要把脏衣服捆在树身上,几小时后,把衣服取下来放在清水里漂一下,就很干净了。

"洗衣树"为什么有这样的本事呢?原来,在这种树的树皮上有很多小孔,能分泌出一些黄色的液体,这是一种含碱的液体,所以,有去污的作用。普当树生长的地方碱性较重,树干内如果吸收了多余的碱,就会通过小孔排出来,以达到生理上的平衡,这样也才有利于树木的生长发育。人

皂荚树

们利用它来洗衣服，也可以说是变废为宝了。

能治病的金鸡纳树

疟疾，又称为"打摆子"，是由蚊子传播的一种急性传染病，人们一旦感染了这种疾病，就会突然发冷、打寒战，之后又发高烧、说胡话、神志不清，若不及时治疗，就会有生命危险。在从前，我国南方，特别是气候潮湿的地区很多人得这种病，那时候，人们对这种病毫无办法，往往坐以待毙。

金鸡纳树

说来也巧，在南美洲的印第安人中，也流行着这种病。不过，早在400年前，他们就知道有一个秘方可以治这种病，但这个秘方是绝不向外人透露的。据说1638年，西班牙的一名伯爵带着妻子来到了南美洲的秘鲁，不久，伯爵夫人染上了疟疾，医生们束手无策。伯爵暗中打听到当地一种叫金鸡纳树的树皮可以防治这种病，于是他剥了这种树的树皮，拿回去煮汤给妻子服用，几次以后，夫人的病就好了。这个消息很快一传十、十传百地传到了欧洲。欧洲人闻此十分震惊，于是千方百计地想把金鸡纳树弄到手。几经周折以后，他们终于如愿以偿，荷兰殖民主义者因此大发了一笔横财。

色果肉。神秘果富含糖及多种维生素、氨基酸等，营养丰富，是一种不可多得的高级水果。在医院里，它是糖尿病患者的理想食品和甜味剂。

长"鸡蛋"的树

鸡蛋果是西番莲科的一种多年生草质藤本植物。它有数米长，茎呈圆柱形；叶薄革质，有三个深裂口；花单生于叶腋，有5个花瓣，5个萼片，花冠下部为紫色，上部为白色。有趣的是，它结出的果实无论形状、大小，还是颜色都与鸡蛋相似，故名"鸡蛋果"，人们习称"鸡蛋树"。它原产南美洲的巴西，栽种方便，能在篱笆上自由攀援。现在，我国台湾、福建、

鸡蛋果花

广东等省均有栽培。鸡蛋果虽然极像鸡蛋，却不能煎炒。它的果肉多汁味美，芳香可口，消暑解热，既可生食，又可做成冷盘、果酱等食品，别有一番滋味。它的果实含有大量的种子，种子可以榨油，供食用或制油漆。鸡蛋树比较容易繁殖，不需要特殊的管理。鸡蛋树一般在11~12月份结果，产量大。鸡蛋果是水果中的珍品，备受人们的喜爱。

们利用它来洗衣服，也可以说是变废为宝了。

能治病的金鸡纳树

疟疾，又称为"打摆子"，是由蚊子传播的一种急性传染病，人们一旦感染了这种疾病，就会突然发冷、打寒战，之后又发高烧、说胡话、神志不清，若不及时治疗，就会有生命危险。在从前，我国南方，特别是气候潮湿的地区很多人得这种病，那时候，人们对这种病毫无办法，往往坐以待毙。

金鸡纳树

说来也巧，在南美洲的印第安人中，也流行着这种病。不过，早在400年前，他们就知道有一个秘方可以治这种病，但这个秘方是绝不向外人透露的。据说1638年，西班牙的一名伯爵带着妻子来到了南美洲的秘鲁，不久，伯爵夫人染上了疟疾，医生们束手无策。伯爵暗中打听到当地一种叫金鸡纳树的树皮可以防治这种病，于是他剥了这种树的树皮，拿回去煮汤给妻子服用，几次以后，夫人的病就好了。这个消息很快一传十、十传百地传到了欧洲。欧洲人闻此十分震惊，于是千方百计地想把金鸡纳树弄到手。几经周折以后，他们终于如愿以偿，荷兰殖民主义者因此大发了一笔横财。

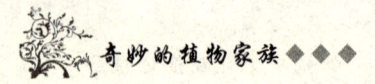

金鸡纳树是一种常绿小灌木,高3米以上。远望金鸡纳林,红一层绿一层,互相交迭,红的是嫩叶,绿的是老叶;夏季开白色小花,种子很小。金鸡纳树皮为什么能防治疟疾呢?研究发现,树皮里主要含有一种叫奎宁的生物碱。奎宁在人体内能消灭多种疟原虫的裂殖体,因而是防治疟疾的特效药;除此以外,还具有镇痛、解热和局部麻醉的功效。金鸡纳是热带树种,目前在我国台湾、广东、海南及云南等地已有栽培。

会指示方向的树

在东南亚生有一种神奇的树,叫印度扁桃树,它的树枝与树干垂直生长,一半指向北方,另一半指向南方,是天生的"指南针"。在非洲马达加斯加岛上也有一种会指示方向的树,它有一个倔脾气,就是不管长在什么地方,身上细小的针叶都会指向南方,所以人们称其为指南树。它给进山的人们带来了方便,只要看一看它的叶子便会知道该往哪里走,从不担心迷路。在我国也有一些会指示方向的树。在福建省的清水岩,有一棵高大粗壮的香樟树,令人奇怪的是,它所有的枝叶都指向北方,仿佛有一种神秘的力量在吸引它。而湖北省宜城县也有一棵会指北的树,在高大笔直的树干上,所有的枝叶都朝向北方生长,即使长在南面的枝叶,也会弯曲向北,好像天生就喜欢北面似的。有关树为什么会指示方向,至今尚无明确的解释。

会笑的树

在非洲卢旺达首都基加利的植物园中,生长着一种奇怪的树。它能像人一样发出"哈哈"的"笑声",当地人叫它"笑树"。笑树是一种七八米高的乔木,树干深褐色,叶子呈椭圆形。引人注意的是,它的每个枝杈上都长着一个像铃铛一样的坚果。它的果壳又薄又脆,长满了小孔,果内生有许多小滚珠似的皮蕊,能在里面自由滚动。微风吹过,皮蕊就会在果壳内不停地滚动,撞击着果壳,发出"开心"的"哈哈"笑声。我国云南也有一种会笑的树,叫榭树,每当人们在它的树干上抓来抓去时,它便会发出阵阵的"哈哈"笑声；树枝也会"笑"得摆来摆去，通红的果实也纷纷裂开，露出雪白的果核，仿佛是乐开了嘴。如果停止抓树时，"笑"声便消失了，树枝也不摇了，裂开的果实也慢慢地关闭起来。这两种笑树都非常有趣，每年都吸引着大批的游客前来观赏。

能改变味觉的神秘果

在西非的热带森林里，生长着一种叫做"神秘果"的植物。那么，人们为什么叫它"神秘果"呢？原来，这种植物的果实，其果肉特别奇妙，只要你吃下一点点，4小时后，味觉神经末梢对食物味道的反应就会发生变

神秘果

化。这时如果你再吃柠檬、杨梅、野生苦橙子、涩苹果等酸、苦、涩的食物，你就会觉得这些果实的味道都是甜的了，这种反应大约持续30分钟后才消失。这是怎么回事呢？科学家们通过分析发现，神秘果的果肉中含有一种属于糖朊的物质，它能使人舌头上的感觉起变化，而食物的味道并不发生变化。由于糖朊能使人产生味道错觉，所以被称为变味蛋白质。神秘果属山榄科植物，是一种乔木，一年四季都结果实。它的果实如小枣般大小，成熟后变为鲜红色，里面有一个大种子，只有很薄一层的带甜味的白

色果肉。神秘果富含糖及多种维生素、氨基酸等，营养丰富，是一种不可多得的高级水果。在医院里，它是糖尿病患者的理想食品和甜味剂。

长"鸡蛋"的树

鸡蛋果是西番莲科的一种多年生草质藤本植物。它有数米长，茎呈圆柱形；叶薄革质，有三个深裂口；花单生于叶腋，有5个花瓣，5个萼片，花冠下部为紫色，上部为白色。有趣的是，它结出的果实无论形状、大小、还是颜色都与鸡蛋相似，故名"鸡蛋果"，人们习称"鸡蛋树"。它原产南美洲的巴西，栽种方便，能在篱笆上自由攀援。现在，我国台湾、福建、

鸡蛋果花

广东等省均有栽培。鸡蛋果虽然极像鸡蛋，却不能煎炒。它的果肉多汁味美，芳香可口，消暑解热，既可生食，又可做成冷盘、果酱等食品，别有一番滋味。它的果实含有大量的种子，种子可以榨油，供食用或制油漆。鸡蛋树比较容易繁殖，不需要特殊的管理。鸡蛋树一般在11～12月份结果，产量大。鸡蛋果是水果中的珍品，备受人们的喜爱。

产药的树

在非洲卢旺达的原始森林中,有一种丛生的常绿灌木,当地人叫它阿斯匹林树。原来,它的树枝和枝条中,含有一种类似阿斯匹林的化学成分,能够镇痛解热,当地人常用它来治感冒和风湿等疾病。在西非的热带草原上,有一种叫做沙尔科采法留斯的树,它的树根和树皮富含天然的奎宁,能治牙痛;体内含有大量高效的生物盐,能够杀菌,治疗疟疾、贫血效果很好。卫矛科里有一类叫做美登木的植物,全世界共有120种左右。科学家们发现它的根、茎、叶中含有美登新、卫矛醇、丁香酸等成分,对多种肿瘤都有很好的抑制作用。裸子植物中的三尖杉也不甘示弱,它的体内含有抗癌的生物碱,已成为临床上治疗白血病的新药。能产药的树很多,就连平时生活中我们常见的柳树,它的树皮汁液中也含有阿斯匹林。科学家们认为,柳树分泌阿斯匹林对它大有好处,不但可以刺激柳树在春天尽早发芽,而且能够防御病毒对柳树的侵害。看来,植物也会给自己看病呀!

产酒的树

南非有一种叫玛努拉的高大乔木,它在雨季后开花结果,果实有些像李子,甘甜多汁。这种果实是大象的"佳肴",但如果大象贪吃了许多这样的果实,甘甜的果汁在胃中酵母菌的帮助下,便会酿出酒来,把大象醉得晕头转向。在日本的新潟县,有一株罕见的"酒树",白色的树汁里含有大量的糖分,当氧气不足时便会发生奇妙的转化,变成酒精,芳香醇厚,味道可口。在非洲的恰希河流域,生长着一种休洛树。它常年分泌出芳香味美、含有酒精的液体。当地人常在树上挖个小洞,美酒就会不停地流下来,举杯痛饮,别有一番滋味。人们都亲切地称它为植物中的"酿酒师"。更奇妙的是,有一种竹子也会造酒。这是一种小青竹,生长在坦桑尼亚的大森林中。小青竹酿出的酒含酒精30度左右,而且口味纯正,清香宜人,是当地人珍爱的一种竹酒。而且取酒的方式也极其简单,只需将竹尖削去,放好酒瓶,第二天早上,便会有一瓶色白味美的竹酒等着呢。

有保镖的树——蚁栖树

在南美洲的巴西热带森林中,生长着一种奇异的树,不计其数的蚂蚁在它身上安家落户,当地人称它为蚁栖树。蚁栖树身材高大,茎中空,有一圈又一圈的环节,形状和竹子差不多。它的叶柄很长,叶片很大,像一

蚁栖树

只五指张开的手掌。在蚁栖树上的蚂蚁叫益蚁,是蚁栖树忠实的"保镖"。每当啮叶蚁来吃蚁栖树的叶子时,呆在树上的益蚁会大举反攻,将来犯之敌赶跑。而蚁栖树对这些特殊的"保镖"充满感激,会拿出最好吃的东西款待它们。原来,蚁栖树叶柄基部有丛生的毛,毛里面生长着一个个好吃的小蛋形物,是由蛋白质和脂肪组成的,它们是益蚁的"佳肴"。小蛋被搬走吃掉后,新蛋又会长出,所以益蚁从不为吃的发愁。但如果别的动物来抢占它们的"粮仓",益蚁定然会奋起反攻,不惜一切代价来保护蚁栖树了。实际上,益蚁与蚁栖树是一种互利互惠的关系,是长期适应的结果。

会流泪的树——胡杨

胡杨是杨树家族中最古老的一员。早在6500多万年前它就在地球上生活了。胡杨身材高大,最高可达20米以上。它的根异常发达,侧根密织如网,深达20米。胡杨俗称"变叶杨",因为它的叶在不同的时期有不同的形状。年幼时,它的叶为长条形,长大后,下面的叶子形状不变,而上面的叶子则变成三角形、卵圆形或肾形。在树皮的裂口或断枝处常可看到黏稠的"胡杨泪"。胡杨泪中含有丰富的小苏打、食盐等多种盐分,这是它排除体内多余盐分的特殊途径。胡杨的身体仿佛骆驼一样贮藏着大量的水分,而且越干旱,它贮存的水分越多,这是

塔里木河岸的胡杨

它密生的侧根立下的"功劳"。胡杨生活在西北沙漠地区,它不仅耐干旱,而且耐盐碱。它们在盐碱地上能够茁壮成长,即使在高盐碱地上也能长成灌丛,难怪人们称赞它是与盐碱斗争的英雄。胡杨的经济价值极高,它可用作建筑材料,又可作为造纸原料,就连它流出的胡杨泪也可制成肥皂呢。

会奏乐的树

在非洲有一种会奏乐的树,叫做捷达奈。据说,瑞典的音乐家托马斯曾经有幸听过这种树演奏的"乐曲",很受启发,创作出了《森林醉歌曲》,博得人们的一致好评。捷达奈怎么会演奏"乐曲"呢?原来,它是一种落叶乔木,高大粗壮。它的果实非常有特色,形状呈菱形,果壳薄而硬,前端有一个天然的小气孔,果内无肉,只有几颗坚硬的果核。果实硬茧老熟后,微风吹过,果核

就会不断撞击果壳,发出各种动听的声音;加上树多,果实也多,发出的音响交织在一起,组成了美妙的"乐章"。同样有趣的是,在南美洲生长着一种笛树。它的叶片呈喇叭状,末端有一个小孔,叶片的大小不一样,孔径的大小也不同。微风吹过,它会发出低调的"笛声";当大风疾吹时,它会发出像许多笛子合奏的激昂"曲调";而风雨交加时,它又会发出"咚咚"的鼓声。人们经过观察,发现了其中的奥秘。原来,当风吹过叶上大小不同的小孔时,便会发出音调不一的响声,而且会随着风力的大小而变化。

会流血的树——龙血树

在我国西双版纳的热带雨林中,生长着一种奇怪的树,当它受伤之后,会流出一种紫红色的液体,就像出血一样,人们根据这个特点,把它叫做龙血树。龙血树最初发现于非洲,属于百合科,是一种常绿乔木。它有10米多高,树皮很厚,枝丫很多。墨绿色的叶片呈长带状,革质,像一把把锋利的宝剑集中于枝顶。龙血树是树木中著名的老寿星,最老的一株龙血树的寿命已超过6000岁,令巨杉和猴面包

龙血树

树也甘拜下风。那么,它流下的紫红色液体是一种什么东西呢?原来,这种"血"是龙血树渗出的树脂,具有特殊的香味,人们称其为"血竭"。现代研究表明,血竭中含有鞣质、还原性糖和树脂类等物质。它是一味名贵的中药,有利于止血和治疗跌打损伤。在古代,曾拿它包裹人的尸体,起到防腐的作用。此外,这种树脂还可作为油漆原料。虽然血竭的作用广泛,但我们不能盲目开采,以保护好龙血树的资源。

藻类植物

藻类植物趣谈

藻类是一类有趣的低等植物。它们形态万千，有体形巨大形成水底丛林的海藻，有开花的大叶藻，有只能在显微镜下才能看到的浮游藻类。藻类是一个大家族，包括绿藻、蓝藻、褐藻、硅藻、甲藻、红藻、黄藻、金藻和裸藻9大门派，全世界共有25000余种。藻类的生命力十分顽强，有的在潮湿的土壤、岩石和树干上生活，有的在5000米以上的冰天雪地中也能生长，有的甚至在85℃的温泉中照样繁衍后代，地球上到处都有藻类的足迹。藻类还含有叶绿素和其他辅助的色素，能够进行光合作用，是最低等的绿色植物。下面为大家介绍一种奇特罕见的飞燕角藻。它长着像燕子翅膀似的尖角，能在水面上滑翔，就像一只飞翔的小燕子，飞燕角藻的名字也由此而来。原来它有10片左右的外壳，由碳酸盐组成，所以身体很轻；另外，它的尖角与水面有很大的接触摩擦面，这样，它就不会沉入水底了。像飞燕角藻这样有趣的藻类还很多，读者可在本书中细细地寻觅它们。大多数藻类植物含有丰富的蛋白质、糖类、脂肪和维生素等成分，可以作为养殖鱼虾的饲料，有的还可供人类食用或者入药，甚至能够用来提取贵重的金属元素，应用范围极为广泛。

有趣的硅藻

硅藻是一类体形极小的藻类植物。最大的硅藻也不过400~500微米长,也就是说,在一张普通的邮票上,能容纳下大约5000个最大的硅藻。在硅藻数量达到高峰的夏季,从池塘中取得的1升水里,硅藻的数量竟可达到2亿之多。别看硅藻这么小,它的体形却变化多端,有的像小星星,有的像月亮,有的像小船,也有的是圆形、三角形或正方形。硅藻的外壳的主要

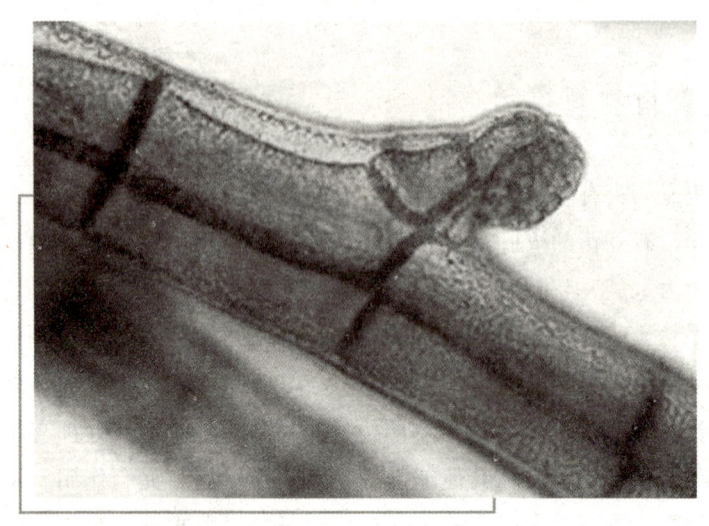

硅 藻

成分是氧化硅,所以显得很坚硬。它通常有两个壳瓣,其中的一瓣正好扣住另外的一瓣,非常有趣。外壳的上面还有各种各样的突起物,呈对称排列,构成的图案十分美丽,会让人产生许多遐思。硅藻的合成产物很特别,不是淀粉而是脂肪,这对它在水中的浮游活动很有利。原来淀粉比水重,而脂肪比水轻。这样,便保证了硅藻能够浮在水中而不下沉。活的硅藻是黄褐色的,而死去的硅藻却是绿色的,这是由于死硅藻中丧失了黄色的硅藻素的缘故。硅藻死后,坚硬的外壳会保留下来,经过千万年的时间也依旧不变。大量遗留的硅藻壳便形成了硅藻土,是充当耐火、隔热的优质材

料，也是制造炸药的中介物质。

海藻之王——巨藻

在早期的航海历险中，许多水手声称见到了差不多有500米长的巨蛇。后来，经过调查，那根本不是什么巨蛇，而是一种巨大的海藻——巨藻。巨藻在植物学上属于褐藻门的低等植物，但它却是海洋中生长最快的植物。春、夏季节，水温适宜，巨藻每天可长高2~3米。它也是海洋中身体最长的植物，一般长度为100米，有的可达300~400米，最长的有500米以上。巨藻没有真正的根、茎、叶，只借助于基部的假根固着在海底。假根向上便是长长的"茎"了，它的茎起初向上浮，然后就在水面上拐来拐去，顺着海流的方向浮动。可以想象，当我们从船上看去，怎能怀疑见到的不是一条巨大的海蛇呢？巨藻的经济价值颇高，据科学家介绍，从巨藻中提纯的纯钾，可占其重量的1%。巨藻含有丰富的维生素和氨基酸，营养丰富。它还是可贵的工业原料，可用于造纸、纺织、金属加工等工业。美国的科学家对巨藻进行分解发酵，从中获得了大量的沼气，成为一种价廉物美的新型绿色能源。巨藻还是天然的海岸防波堤，再汹涌的海浪也无法将其摧毁。可以说，巨藻是大自然赋予人类的宝贵财富。

聚碘能手——海带

海带和巨藻同属于褐藻门，但海带的身体可比巨藻短多了。它一般只有2~4米长，最长的可达5~6米。海带有个怪脾气，怕热不怕冷，所以喜欢生活在寒海或有寒流的暖海里。海带的身体可分为三个部分，它的假根有很多触须，借以固着在海底的礁石上；假根向上是一条短粗圆柱形或扁圆形的柄；柄往上便是宽大的长带状叶片，呈咖啡色，中间厚，两边薄。新鲜的海带表面有一层黏稠的黏液，有保护藻体的作用。海带是著名的"聚碘能手"，在它的细胞中，有一种"碘泵"，能把海水中的碘源源不断地"泵"入体内。有人发现，海带细胞中的碘竟比海水中的碘高出10万倍。

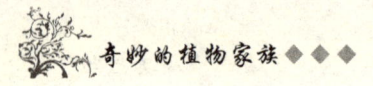

在远离大海的内地山区，很多人由于缺碘而患大脖子病，而经常吃海带，

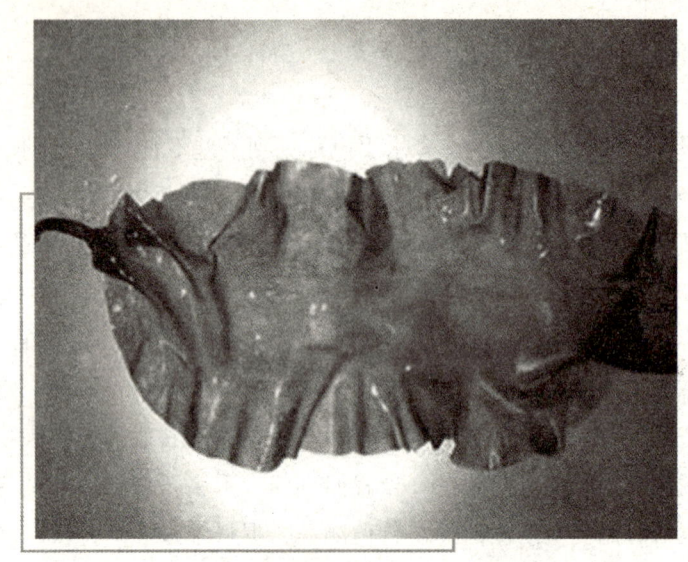

海　带

则可以预防这种病。现代学者发现海带中有一种特殊的多糖体，对肠癌特别有效。海藻中的褐藻氨酸能够降压。从海带提取的褐藻胶，可作为抗凝剂、止血剂和血浆的代用品。海带有如此多的医疗保健作用，难怪人们都亲切地称它为"海洋大夫"。

赤潮的制造者——红海束毛藻

在人们的意识中，大海应该是蓝色的。可是，在亚洲和非洲之间的海水却是红色的，这就是著名的"红海"。那么，是谁把海水染红了呢？原来，这是红海束毛藻捣的鬼。它是蓝藻家族中的一名成员，个头很小。它的身体是由许多藻丝聚集而成的束状藻团，体内含有较多的红色素。当它们大量繁殖时，就把那碧蓝的海水染成了红色，形成了所谓的赤潮，红海也是这样形成的。在我国的南海和东海也经常有赤潮出现，严重时海水也被染成淡红色，常给在海水中生活的动植物带来灭顶之灾。原来，漂浮在海上的红海束毛藻经过大量繁殖后，接着就会大量死亡，死亡的藻体会分解出硫化氢等毒气，将水中的动植物毒死。所以，赤潮的出现，是大自然向人类发出的警告。近年来，由于陆地上水土流失严重，大量的有机质被冲入大海，为红海束毛藻的繁殖创造了有利的条件，造成赤潮的频频发生。因此，我们应该保护好环境，不能再让海水变红了。

著名的食用藻——发菜

发菜是非常珍贵的食品，只出现在豪华的宴席中。它味美可口，被视为补品，很多人喜欢吃它。现代研究表明，发菜的蛋白质含量比鸡蛋和肉类还高，此外还含有丰富的维生素和矿物质。发菜除供食用之外，还有助消化、清肠胃、降血压等多种功能，可用于治疗高血压、妇女病等多种疾病。发菜的用途如此之多，难怪人们视它为珍品呢。发菜是一种野生的陆生藻类植物。它看上去像一团乱发，一根

可食用的发菜

根又细又长，相互缠绕在一起，所以常被称为发藻，并因它可食，故名发菜。在显微镜下观察，可以看出那些长发是由许多圆圆的细胞一个连一个组成的，外面包着胶质鞘，形成胶质的块状或球状物。发菜在潮湿时呈橄榄色，当它干燥时却变成了黑色。发菜在我国主要分布于内蒙古、宁夏、新疆、青海等地，其中以内蒙古为主产区。发菜有固氮作用，能增进草原土壤肥力，促进牧草生长，还对流沙有固定作用。因此，我们要保护它，适当采收。

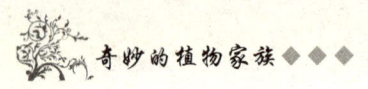
奇妙的植物家族

菌类植物

菌类植物趣谈

菌类植物都很奇特,它们没有茎和叶子,不含叶绿素,也不开花。人们熟知的菌类植物是细菌和真菌两大类。细菌的个头都很小,需在显微镜下才能发现它们。它们形状各异,有的像火柴杆,有的像足球,有的像一串葡萄。细菌中有些成员的名声很坏,如鼠疫、伤寒、霍乱、白喉等病原菌,它们对人类的健康构成很大的威胁。但细菌并不都是有害的,有许多

真 菌

是无害的，还有一些是有益的。如根瘤菌善长固氮，为人类提供大量的氮肥；某些自养型细菌会从贫矿中吸收金属，人们再从细胞中将这些金属提取出来，既省力又方便。真菌的个头有大有小，小的也需在显微镜下才能看到，大的用我们肉眼就能看到。真菌比细菌要稍微高级一些，因为细菌大都没有完整的细胞核，采用分裂的方式繁殖；而真菌具有完整的细胞核，能用孢子进行繁殖。真菌中有许多成员是我们既熟悉又喜爱的，如美味可口的蘑菇、猴头菇、黑木耳、香菇等等。有些真菌具有奇特的功用，如蜜环菌是天麻的"口粮"，天麻就靠吃它长大；黑粉菌是天然的"调味剂"，当它浸染茭白时，茭白才味美鲜嫩。菌类植物遍布世界各地，从高空到地下，从森林到海洋，都有它的踪迹，甚至在我们的身体中，也有它们在栖息。

可爱的食用真菌——蘑菇

蘑菇是菌类植物中的大个子食用真菌，也是人们生活中不可缺少的一种食品。蘑菇的形状就像一把白白嫩嫩的小伞，由菌盖和菌柄两部分组成。蘑菇有很多特别的习性，如它是靠吸收别人的营养来生存；它既不开花，

菌　盖

也不结实,而是用孢子进行繁殖。把蘑菇翻过来,可以看到像"伞骨"一样呈放射状的褶纹,这就是孢子的发源地。成熟的孢子随风飘散,落到适宜的环境中就会萌发生长。孢子最初长成细微的菌丝,如果此时下一场及时雨,菌丝体喝足了水和养料,便会迫不急待地在地面上撑开"伞盖",变

菌　柄

成一个个小蘑菇。目前,全世界可食用的蘑菇大约有600多种,我国是世界上食用蘑菇资源最丰富的国家,有360多种。号称"植物肉"的蘑菇,如白蘑菇、香菇、平菇等,深受人们的喜爱。蘑菇的花色繁多,形状各异。就拿"伞盖"的颜色来说,就有白、黄、褐、灰、红、绿等。蘑菇的营养价值极高,含有多种蛋白质、维生素、糖类、微量元素等等。现在,人们已把许多种可爱味美的野生蘑菇请进室内,进行人工培养了。

固氮能手——根瘤菌

你知道吗?豆科植物的根,如同人和动物一样,也会得"肿瘤"病。但这种"肿瘤"病对豆科植物来说,却是有益无害的。根瘤是由于土壤中的根瘤细菌侵入根部而生成的。根瘤细菌为什么能固氮呢?原来根瘤在发育过程中,根瘤菌能产生一种固氮酶。这种固氮酶能把空气中的分子态氮

加工成氨和氨化合物,为大豆免费提供氮肥。而大豆把由根部吸收来的水和无机盐以及叶子制造的有机物质,无偿地供给根瘤菌,作为它们制造养料时所需要的物质和能源。这种互相依存的营养关系,在生物学上称为共生。据估计,地球上每年从空气中固定的氮约为1亿吨,而跟豆科植物共生的根瘤菌的年固氮量就有5500万吨,所以人们把豆科植物的根瘤比作"氮肥工厂"。现在,我们已知道,根瘤菌的固氮作用是由它的固氮基因调节控制

豆科植物根上的根瘤菌

的。随着遗传工程领域的突破,豆科植物根瘤细胞中的遗传基因将会被移植到水稻、小麦、玉米等禾本科植物和其他植物的细胞中去,使每一种植物自己都具备一个小"氮肥工厂",自给自足。到那时,植物和人类都会从中受益。

丛林中的地雷——马勃

在南美洲的热带丛林中,散布着一些天然生长的"地雷"。如果你一不小心踏在它的上面,便犹如地雷爆炸一样,黑烟四起,让你涕泪直流,喷嚏不止。这些丛林中的地雷便是马勃——一种真菌,还有人称它为"天然催泪弹"。南美洲的马勃个头很大,圆圆的,扁扁的,像一个个的大南瓜躺在地上。当地的印第安居民曾经利用马勃爆炸后腾起的黑烟使侵略者狼狈不堪,然后乘机消灭他们。那么,这些黑色的烟雾是什么东西呢?原来它是用于繁殖的孢子粉,一经踩破,便喷发出来。由于它对人的眼睛、鼻子

马 勃

和喉咙有刺激作用,常使人们不堪忍受,远远躲开。我国的热带和温带地区也有马勃生长,只不过个头偏小;东北密林中的马勃只有乒乓球大小。初生的马勃肉质白色,鲜嫩可口,可以当菜吃。成熟的马勃可作为药物,用于止血、消炎,据说还有一定的抗癌作用。

人间仙草——灵芝

在民间传说的《白蛇传》中,有一段白娘子盗"仙草"的故事,这种仙草指的就是灵芝。灵芝是一种菌类植物,外形奇特;菌盖呈肾形,上有云纹和小孔,菌柄着生在菌盖的边缘。成熟后的灵芝呈棕红色,带有油漆样光泽,形状很像传说中的玉如意。过去,天然灵芝只生长在深山老林之中,真正看见过它的人不多,于是灵芝便罩上了一层神秘的面纱,许多神话中把它看成是长生不老、起死回生的灵丹妙药。现在,我国已成功地进行了灵芝的人工栽培,许多药材市场上都有灵芝出售,人们已不难见到它。现代研究表明,灵芝的主要成分为生物碱、香豆素、蛋白质、有机酸、皂苷等。它对中枢神经系统有镇静作用;对呼吸系统有祛痰作用;能增加心

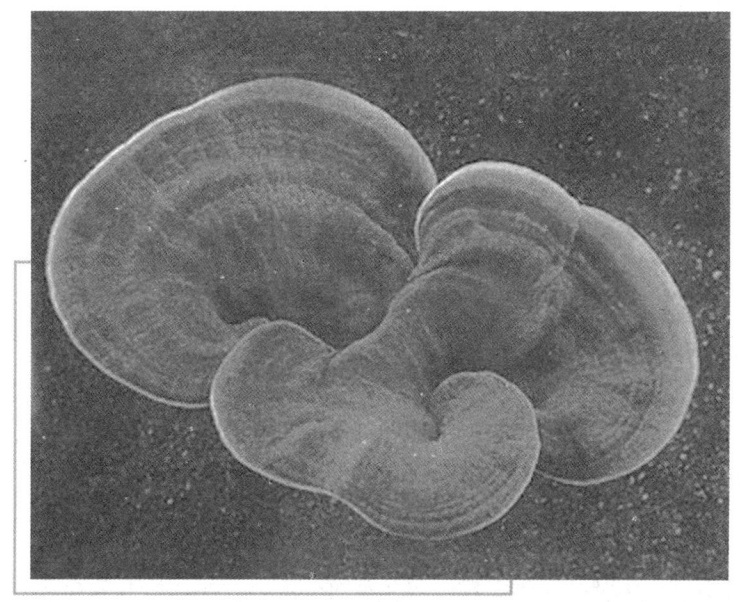

灵 芝

脏冠状血管的血流量，可以防治冠心病，但绝不是"起死回生"的灵丹妙药，人们应该正确认识它的药用价值。我国是灵芝种类最多的国家，食用灵芝也有着悠久的历史。随着科学的进步，人们必将会开发出具有更新疗效的灵芝制品，为人类的健康服务。

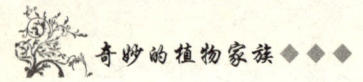
奇妙的植物家族

地衣和苔藓植物

漫游天下的地衣

地衣约有15000多种,是一类非常特殊的低等植物。它是藻类和菌类相依为命的共生体。内层的藻类借光合作用制造营养物质;外层的菌类则负责保护作用和提供水分,由于它们之间的合作非常默契,使地衣对于各种自然条件有着顽强的忍耐力,所以在世界各地都能寻到它们的踪影。诸如

壳状地衣

南、北极冰原，沙漠，极热的高温地区，都有地衣的分布；甚至在溪流石块、干枯的垂枝以及玻璃、铁、纺织品上也能找到活的地衣。地衣作用广泛，在冰天雪地的南极，驯鹿在漫长的秋冬季吃不到杂草、嫩枝，地衣则成了驯鹿的唯一口粮；有的国家用地衣酿酒；有的国家从地衣中提取芳香精油；在化学试验中检验酸碱性的石蕊试纸也是地衣制品。地衣还是一名出色的"开路先锋"，它能最先侵入恶劣环境中；随着岁月的变迁，草和树也慢慢在地衣形成的土壤上长起来。所以说地衣对于环境的保护有着重要的意义。

大树上的长胡子——松萝

松萝是一种地衣植物，喜欢生长在潮湿山林的老树干上或沟谷的岸壁上。它呈细丝状，一缕一缕的很像长长的胡子，全身呈灰黄绿色。在长白山的原始森林中，能经常发现长在高大松树上的松萝，它们从枝杈上垂悬而下，随风飘舞，尤如绿色的长帘，又似松树垂下的大胡子。松萝看上去挺可爱，却给它寄生的树木带来严重的伤害。它们与树木争夺阳光，影响

松　萝

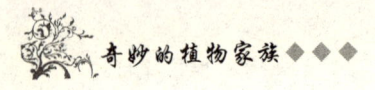

树木的呼吸,还为许多害虫提供藏身之处;最后,许多树木不堪忍受它们的折磨,树叶脱落枯萎而死。松萝还有一个兄弟,叫长松萝。长松萝全身细长不分枝,两侧密生细而短的侧枝,活像一只大蜈蚣。松萝是一种中药,能祛风湿、通经络,止咳平喘,清热解毒,治疗气管炎疗效很好。在我国大部分地区都有松萝分布。

漫谈苔藓植物

全世界共有苔藓植物23000多种,我国约有2000种。它们的个头都很矮小,最高的也只有几十厘米。植物学家们经过研究发现,苔藓植物是植物界登陆后的一个进化分支,属于高等植物中构造最简单的一类。苔藓长有能起固定作用和吸收作用的假根,这样的假根便是许多高等植物的根的雏形。它有茎和叶,能够进行光合作用。与藻类、地衣类和蕨类一样,它也是以孢子进行繁殖。苔藓植物都有一件"秘密武器",使得它们对各种环境有着极强的适应能力。原来,它们能够分泌一种酸性物质,能把岩石表面溶化,慢慢形成一层很薄的土壤,为一些草本植物的生长创造条件。慢慢地,土壤层随着草本植物的增多而变厚,于是木本植物也有机会在这块土地上生长了。所以,人们常常会在石面、台阶、瓦块上发现它们的身影。苔藓植物常常具有极强的吸水能力,往往会将沼泽地的水吸干,把沼泽变为陆地。因此,许多人将其称为植物界的"开路先锋"。苔藓植物中有许多种类具有药用的价值,能够治疗多种疾病,据说疗效还不错。

矮小的葫芦藓

葫芦藓是一种十分矮小的苔藓植物,只有1~3厘米高。它的茎很短,长舌状的小叶密集簇生在茎顶,呈现鲜绿色,干燥时小叶皱缩,湿润时小叶挺立。每到春天,葫芦藓的小枝顶部就会长出一根长丝,顶端挂着一个"小葫芦",植物学家叫它孢蒴;孢蒴上面还有一个盖子,叫蒴盖。孢蒴中

葫芦藓

装满了孢子,孢子成熟后,蒴盖便会打开,孢子便会散发出去,落在土壤上长成新的小葫芦藓。别看葫芦藓长得小,生命力却很强,遍布全世界。在平原、山岗、花园、水沟旁都有它们在生长,甚至在花盆中,有时也会长出绿油油的葫芦藓。葫芦藓还有一个特性,就是特别喜欢在火烧过的土壤上生长,因为那里有它需要的氮肥和丰富的有机质。它们还很团结,常常群聚在一起生长,很容易被人发现。

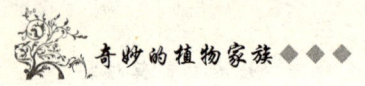奇妙的植物家族

蕨类植物

漫谈蕨类植物

在亿万年前,地球上的陆地曾经是光秃秃的一片,既没有植物,也没有动物。随着岁月的流逝,生长在大海中的植物开始向陆地挺进。蕨类植物是最早的登陆先锋,它们把整个大陆都变成了蕨类植物的世界。它们身躯高大,死去后被一层层压在地下,逐渐变成了煤。如今,大部分蕨类植

蕨类植物

蕨类植物

物都很矮小,遍布于全世界的热带和温带。蕨类植物的茎很粗壮,藏在地下,茎上生有密密的细根,横长在土里,所以,它具有很强的生命力。每年,它的地下茎都会长出美丽的羽状复叶,呈深绿色。它不会开花,也不会产生种子,只是从叶背的边缘上长出黄褐色的小疙瘩,里面躲藏着无数的看不见的孢子。小疙瘩成熟后,便会裂开,孢子便会随风飘散;当它们落在适宜的环境中时,经过复杂的发育过程,便会长出新的后代来。有些蕨类植物还是味美可口的蔬菜,每年,日本都要从我国进口大量的蕨菜。我国人民经过长期的实践发现,许多蕨类植物还可入药呢。

蕨中之王——树蕨

树蕨又名桫椤,是蕨类植物中最高大的成员。大约在3亿–2亿年前,地球上的陆生蕨类植物发展得十分迅速。在这期间,出现了许多躯体巨大的蕨类植物。例如,封印木、鳞木、芦木、树蕨,它们丛生成林。可是到了中生代末期,由于气候变得十分干燥,它们中的大部分都灭绝了。体型高大的树蕨只有在今天的南太平洋诺福克岛的热带森林里才能看到,它们高达 20~25 米。

树　蕨

树蕨茎干粗壮，笔直向上无分支，坚实的纤维质的树干中没有实心的木质。树干的顶部长有一片片巨大的绿色羽叶，分两行或数行排列，仿佛一顶撑开的绿色巨伞。叶子的背面分布着许许多多的黄点，那是树蕨用来繁殖后代的孢子，在每个孢子中孕育着小树蕨的生命。每棵树蕨能产生几十亿甚至几万亿个孢子。成熟以后的孢子被风吹散，遇到合适的环境就可长成小树蕨。我国西双版纳的勐养自然保护区的沟谷地带也有树蕨生长。这里生长的树蕨没有诺福克岛的树蕨那么高大，只有 10 米左右，叶片长达 1~3 米，三回羽状分裂。它们跟周围的阔叶树相比，显得很矮小，但它们祖祖辈辈在这里生活了几百万年、几千万年以至上亿年了。树蕨造型优美，姿态别致，现在已成为珍贵的园林观赏树木。

随波飘荡的满江红

满江红又叫绿萍或红萍，是漂浮水面生长的一年生小型蕨类植物。它的茎很细，有许多羽状分支，每个分支有 5~6 片卵形小叶。它的叶片如芝麻大小，通常分裂成上下两片，在春天和夏天呈现绿色，到了秋天则变成红色。满江红的茎下长有许多须根，纤细柔软，垂悬水中。在它的叶片中有一卵形的空腔，生长着一种叫做鱼腥藻的蓝藻。鱼腥藻有特殊的固氮本领，能固定空气中的游离氮，供满江红作氮源；而满江红则用自己制造的糖类去招待藻类，以作碳源。所以说，它俩是一个相依为命的共生体。满江红长大后，在分支的茎部就会和母体分离开来，长成新的个体。因此，繁殖速度很快，常常覆盖大片的水域。满江红含氮量高，是一种理想的家畜饲料，还可以作为一种绿肥使用。

神奇的九死还魂草

谁都知道，任何生物都不能死而复生，可是植物中的卷柏却有再生的能力，而且有九死还魂的本事。卷柏是一种蕨类植物。它身高5～15厘米，茎又短又粗，呈黑咖啡色，茎的顶端抽出绿色小枝，地下长有须根，扎入碎石中，远远望去，有如一个个小莲座。卷柏喜欢栖息在荒山老岭的阳坡岩石上，长期缺水的环境形成了它独特的忍耐能力。遇到干旱的季节，它那扁平的小枝就会卷缩成团，变成枯黄色，乍一看，与死去的枯草没什么区别，

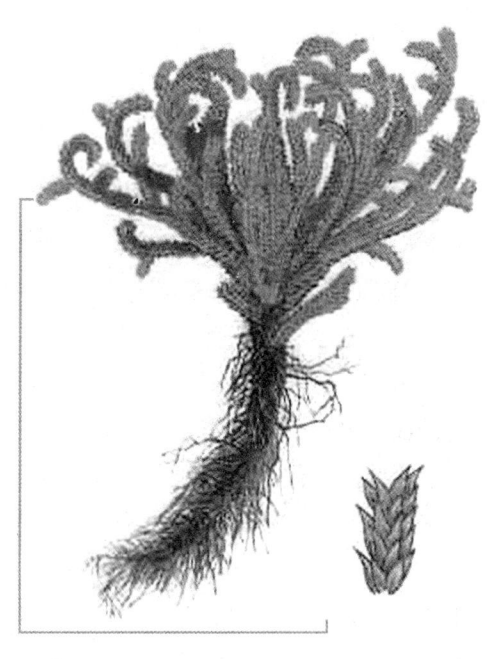

九死还魂草

但它却在装死，靠这种方法来保存体内的水分。雨季一到，它的枝条马上又会重新舒展，颜色也由黄变绿，重现出生机勃勃的样子。一年中，它要经历很多次这样的轮回，根据这个特性，人们称它为"九死还魂草"。卷柏不但可以观赏，而且可以入药，治疗跌打损伤的疗效非常好。很多人还用它的粉末加蛋清调服，用于美容，据说效果也不错呢。

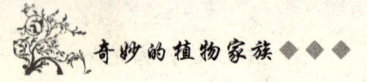
奇妙的植物家族

裸子植物

探寻裸子植物

裸子植物是种子植物中的原始类群,是由最原始的裸子植物种子——蕨发展而来的。在距今约4亿年前,裸子植物出现;在距今1.8亿年前,它们最为繁盛;在距今1.3亿年前,它们逐渐衰落,被新兴的被子植物代替。裸子植物为木本,多为乔木、灌木,如红松、苏铁等;极少的一些为亚灌木(如麻黄)或藤本(如倪藤)。裸子植物的根、茎、叶发达,里面都有较发达的输导组织。裸子植物由花粉管形成,于是受精作用脱离了水的限制,更有利于繁殖后代。它们的胚珠裸露在外,受精后发育成种子,由于种子没有果皮包被,而是裸露在外,所以称为裸子植物。现存的裸子植物已为数不多,仅有800余种,我国有236种,其中有一些是中国的特产和远古的孑遗植物,如有"活化石"之称的银杏、水杉等。裸子植物大都是高大的树木,是绿化造林的主要树种,有的姿态美丽,还是著名的观赏植物。许多裸子植物还有很好的药用价值,如麻黄、三尖杉等都是有名的药用植物。可以看出,裸子植物在人们的生活中发挥着巨大的作用,是人类离不开的好朋友。

植物元老——银杏

银杏是我国特有的珍稀树种。早在2亿多年前,它是遍布世界的树种。第四纪初,北半球发生了巨大的冰川运动,欧亚和北美的银杏全部毁灭,亚洲的银杏也濒于绝种。毁于冰川的银杏都变成了化石。我国华中、华东地区,由于一些地方地形复杂,生长在这里的银杏幸存了下来。因此,我国的银杏有"活化石"之称。银杏是落叶乔木,属于裸子

银 杏

植物,雌雄异株。由于它结出的籽实在成熟后为黄色,其样子酷似杏,加之最外面又被有一层白粉,所以人们称之为银杏。银杏树的叶子好像一把把小巧玲珑、青翠莹洁的小折扇,螺旋排列在长枝上。如果将银杏叶柄与叶片成直角折起,其形状酷似鸭脚,所以人们也称之为鸭脚树。银杏树还具有很高的经济价值,它可以用来治疗心血管病,防治害虫,美化城市等。

国宝水杉

水杉,一个让我们自豪的名字!1943年以前,科学家只有在中生代白垩纪的地层中发现过它的化石,自从在我国发现仍生存的水杉以后,曾引起世界的震动!水杉高大挺拔,树形优美,笔直的树干四周围绕着粗粗细

细的枝条，在每根最小的枝条两旁，都排列着两行整齐的小绿叶，它们与小枝条长在一起，看上去仿佛像一张叶片，也像一片柔软的绿色羽毛。水杉与其他裸子植物不同，到了冬天，它的叶片连同小枝全部脱落，第二年春天再重新萌发。水杉的适应力很强，生长迅速，是荒山造林的良好树种。水杉经济价值极高，其树心材质紫红，材质细密轻软，是造船、建筑、架设桥梁、制造农具和家具的良材，同时又是质地优良的造纸原料。世界各国很多著名的植物园都从我国引种了水杉。目前在地球上，如位于美国北方的阿拉斯加和位于赤道的印度尼西亚都有它的踪迹。作为我国遗存的古代植物之一，水杉正焕发着绚丽的青春。

水 杉

植物中的大熊猫——银杉

银杉是我国特有的世界珍稀树种，被人们誉为植物界的"大熊猫"。银杉属于松科，是一种常绿乔木。它的主干高耸挺直，枝条平展，整个树冠成宝塔形，四季长青。银杉的叶片很像杉树之叶，但四散排列，很有特色。每片细长叶子的下面，都有两条银白色的气孔带，微风拂过，叶片闪出熠熠银光，十分美丽诱人，银杉的美称也由此而来。远在地质时期的新生代第三纪时，银杉曾广泛分布在北半球的欧亚大陆。在法国、波兰、俄罗斯和德国都发现了银杉的化石。在距今300万~200万年前，地球发生了冰川运动，几乎席卷整个欧洲和北美。由于我国有着独特的地理环境，群山高耸，地形复杂，使得银杉等珍稀植物幸免于难，保存至今，成为历史的见证者。银杉是古老的孑遗植物，目前世界上银杉属的植物仅此一种，而且为我国特有，其珍贵价值可想而知。中国的科学家们经过不懈的努力，终于使银杉在中国科学院北京植物园安家落户，使中外的游览者们大饱眼福。现在，它已被列为国家一级保护树木。

银杉

美丽的柏木

克什米尔柏木的叶

柏木是一种高大的常绿乔木。它树干笔直，幼树的树皮呈红色，老树的树皮变成了灰色，小枝细长扁平，排成一平面。整株植物便像一座绿色的宝塔，十分秀丽。柏木的叶长得很别致，就像许多细小的绿色鱼鳞，一片一片连接起来，也很像房屋上一块盖着一块的瓦片。它的雌花和雄花同长在一棵植株上，球形的小花单生于小枝的顶端。花开过后，结出球形的小果，要在第二年的夏天才能成熟，真是一个"慢性子"。不但如此，它的生长也十分缓慢，长了许多年后仍

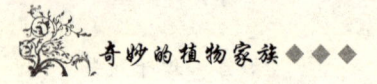

旧很矮。我国有许多高大的古柏，它们都有上千年的历史，所以柏木也是一种长寿树。柏木还有许多兄弟姐妹，它们形态各异，有的枝条是圆形的，有的枝条是方形的，有的小叶像小船，有的小叶像尖刺，都是美丽的树木。柏木的木质优良，是建筑和造船的好材料；种子可榨油；球果、根、枝叶均可药用，果治风寒感冒、胃痛，根治跌打损伤，叶治烫伤。

三代同堂的香榧

香榧是一种常绿乔木，属于红豆杉科。它长得很像杉树，姿态美丽。香榧树的小枝条长得很有趣，有的一对一对长在粗枝两侧，有的几个一圈围在粗枝上。枝条上的叶呈螺旋状生长，又尖又硬，叶的下面有一条狭长气孔带。香榧树分为雄树和雌树，雄树只管开花，不结子，雌花既开花又结子。种子呈椭圆形，假种皮为淡紫红色。香榧的种子要历经3年才能成熟，因此，一棵树上结着三种不同大小的种子，第一年的种子有米粒大小，第二年的种子有黄豆大小，第三年的种子有橄榄大小，真可谓三代同堂，难怪有人称它为"三代果"。香榧主要分布于我国江苏、浙江、福建、湖南等省。它的种子炒熟可食，香脆可口，还能驱肠道寄生虫；叶和假种皮可提炼香榧油，可做化工原料；树木材质优良，是造船修桥的好材料。

长白山上的美人——长白松

在我国东北的长白山上，生有许多珍稀的树木，长白松便是其中著名的骄子。长白松身材高大挺拔，下部枝条很早就已脱落，侧生枝条一轮一轮地集生在主干的顶部，向四周伸展；整个树冠绮丽、开阔，有如一座圆塔。长白松树干下部呈棕黄色，上部呈金黄色，浑身布满鱼鳞状的斑纹，鲜艳夺目，格外美丽。有趣的是，长白松长到一定高度时，优美的树冠便会向一侧弯曲，有如羞涩的少女，等待远方的来客，难怪当地人给它起了一个动人的名字——美人松。长白松不但姿容秀丽，而且寿命较长，通常都有几百岁的历史。它质地轻软，纹理顺直，抗酸碱，耐腐蚀，是造桥、制作家具的优良木材。长白松适应性强，在贫瘠的火山灰上也能很好地生长，而且耐寒耐高温，是不可多得的珍贵树种。

有个性的马尾松

马尾松在松树大家庭中非常有名气。它通常有20米左右高，淡绿色的细叶像针一样，

长白松

马尾松

松；有叶呈银灰色的银叶雪松，等等。在寒冷的冬天，厚厚的白雪压在雪松上，与翠绿的松叶和挺拔的树干交相辉映，构成了一幅壮观的青松白雪图，难怪人们赞誉它是"风景树中的皇后"。雪松广布世界各地，

雪　松

是人们装点公园、庭院的良好树种。它木材坚实，防湿防腐，具有芳香气息，是造船、建筑、制造家具的上等用材。它的木材还能提取香油，是天然的防虫剂。

铁树开花

铁树的正名为苏铁，是一种名贵的观赏植物。铁树是雌雄异株的植物。它的外形很美，一根主茎拔地而起，四周没有分支，所有的叶片都集中生长在茎干顶端。它的大型羽状复叶好似羽毛那样分裂成一条条，很像传说中的凤凰尾巴，所以有人称之为凤尾松或凤尾蕉。铁树一般在夏季开花，一株植物上只能开一种花，雄蕊花序生在雄株茎干的顶端，像一个大的松球，有 0.67 米多高，初开时鲜黄色，成熟后渐变为褐色；雌蕊花序生在雌株的茎干顶上，像一个大绒球，初开时灰绿色而微褐，渐渐变为棕褐色。

◆◆◆裸子植物

铁树结的种子也很有趣，红色，像个鸽子蛋，可食用、入药，有人也叫它"凤凰蛋"。自古以来，人们都认为铁树开花很难，有千年铁树才开花的说法。其实，不论哪种铁树，只要条件适宜就能开花。因为铁树原产热带、太平洋各岛和澳洲，喜热畏寒，所以在寒冷的北方，铁树开花就成为罕见的景色了。

铁　树

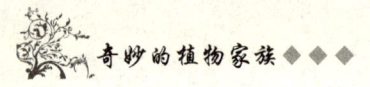

被子植物

访问被子植物

　　被子植物是种子植物中的高级类群,比裸子植物更复杂、更高等。它的营养器官和繁殖器官更加发达,对各种环境有着更强的适应能力。被子植物除了包括乔木和灌木外,还有草本,且数量众多。它有真正的花,胚珠包藏在心皮接合成的子房内而得到良好保护。被子植物具有双受精现象,花粉管将两个精子送入胚囊,形成了三倍体,增强了被子植物的生命力。由于它的种子有果皮包被,不裸露,所以叫做被子植物。在植物大家庭中,被子植物种类最多,约有 25 万种。被子植物与人类的关系最为密切,不论是高大成材的树木,还是人们赖以生存的粮食;不论是鲜美可口的蔬果,还是绚丽多姿的花草,都有被子植物的身影存在。现在,被子植物是地球上植物大家庭中最繁茂和分布最广的一个类群,它们把大自然装点得生机勃勃,丰富多彩。

淹不死的植物——金鱼藻

　　日常生活中,我们常有这样的经历:当给一棵花草浇水过多时,经过一段时间,淹在水里的这株植物便会烂根,叶变黄,最后枯萎而死。可是有这样一类植物,长年浸在水里也淹不死,而一旦离开水反而活不成,金鱼藻便是其中的"杰出"代表。金鱼藻的名字和形状都很像藻类植物，但实际上它却是一种生长在水中的开花植物，属于高等的被子植物。金鱼藻的浑身细而柔软，没有根，只有一根细长的绿茎，叶呈条形二叉状，一轮轮地围生在主茎上。它的花很小，雌雄同株，有12枚带紫毛的苞片，果为瘦果。它那柔软的身体有利于抵抗水压，不致被水流冲坏。同时，细丝状的茎叶既能扩大与水的接触面积，最大限度地

金鱼藻

得到光照，又有助于气体的交换。金鱼藻最大的秘密是它的茎叶里有许多空洞，贮藏着空气，有助于它获得足够的氧气进行呼吸，当然就不会被水淹死了。金鱼藻很会调节生活，秋天，它的芽吸足了养分，体重增加，沉入水底过冬；春天，芽内的淀粉转化为较轻的脂肪或碳水化合物，重新浮上来，继续生长。金鱼藻体形婀娜，常被人放在鱼缸中陪衬鱼儿，它还是鱼儿爱吃的饲料呢。

不凋谢的花——二色补血草

秋风拂过草原，许多鲜花因不能忍受风霜而纷纷凋落。然而，二色补血草却依然绽放如初，散发着阵阵芳香。如果你想对它的耐寒能力大加赞美，那么你就上当了，这是怎么回事呢？原来，二色补血草的花有真有假，当它的真花开放时，花都集中在各个分支的上部，而且向一侧排列；开花之后，花瓣脱落，但花瓣下的膜质化的花萼却能长久地存留下来，由于花萼的颜色多样，有的是白色，有的是粉红色，有的是黄色，远远望去，就

像一束束盛开的鲜花，美丽动人。人们常常把它的花萼当成花朵，也就不足为奇了。二色补血草属于蓝雪科补血草属，是一种多年生草本。它主要分布在辽宁、内蒙古、河北等省。它的花萼生命力极强，常常历经数年也不凋落；而它又美丽如花，常被人们用来装饰房间。二色补血草可全草入药，有止血活血的功能，是妇科良药。

会指示方向的草——野莴苣

在我国北方草原上，生长着一种神秘的植物，叫做野莴苣。由于它能给在草原迷路的人们指明方向，人们也叫它为"指南针植物"。野莴苣的叶子长得非常特别，它们垂直地排列在茎的两侧，叶片不是平面向着太阳，

花床里的野莴苣

而是以刀刃似的叶边向上，并呈南北方向排列。熟悉草原生活的人都明白，根据这种草指示的方向，就不会迷路。是什么造成它的这种特性呢？原来，在辽阔的草原上，气候干燥，骄阳似火。而野莴苣的叶子长成与地面垂直的方向，可以避免整个叶面受到阳光的垂直照射，从而降低叶面气温，减

少水分的蒸发；同时，有利于吸收早晚的斜射阳光，进行光合作用。这种叶片的排列方式是野莴苣对草原环境的一种适应，与地磁无关。野莴苣还有一些同类"朋友"，如蒙古菊、草地麻头花等植物，它们也会指示方向。

世界级名花——大丽花

大丽花又名大丽菊，它以华丽典雅、花朵硕大、品种繁多、分布广泛而著称于世，是深受人们喜爱的世界名花之一。大丽花属于菊类大家庭中的一员，但它的地下根却不像菊花的根，而是分成块状，显得粗壮肥大。

大丽花

大丽花的花朵有碗口般大小，有红、粉红、黄、紫、白等多种颜色，色彩艳丽，分外夺目。目前，全世界的大丽花已有上万种，比较著名的有火焰红色的"丹炉焰"、国旗红色的"宇宙"、色霞桃红的"朝霞散彩"、红褐色带硫华黄边的"锦绣河山"等品种。大丽花的花期很长，能从夏天开到秋天，甚至到冬天。它的老家在遥远的墨西哥，现已遍布世界各地。大丽花身形较大，有1米多高，深绿色的叶子陪衬着美丽娇艳的大花朵，美观大方，观赏价值极高，难怪大家那么喜欢它呢。

美丽的空中花卉——吊兰

吊兰

吊兰与兰花叶形相似,并都有一个"兰"字,常使人们误以为它属于兰科植物。其实,吊兰是百合科的一种常绿宿根草本植物,原产南非,后来引种到我国。它有四五个品种,叶色有浓绿、淡绿、白心、白边等。它的根茎发达,叶呈宽线形,美观清秀。吊兰在春夏间开出白色小花,从叶丛间抽出长长的匍茎,并在匍茎上长出幼株,下垂在花盆的四周。将花盆吊于廊、檐、窗、架、门厅等高处,像用绿色植物装饰起来的花篮一样,秀叶散发,连连不绝,悬空飘垂,依风荡漾,增加了室内生机盎然的气氛。多置几盆,还能净化空气、调节室温、减弱噪声。吊兰喜湿阴、温暖,不耐寒。夏季宜吊在荫棚下,避免阳光直射;冬季置于阳光充足处,以防冻伤。吊兰悬在半空,花姿动人,形成空中花园;它有立体之美,使人犹如身临大自然中,所以,它是人们喜爱的室内装饰植物。

世界国花之最——玫瑰

各国人民都把自己国家最受欢迎的花卉定为国花。在众多的佼佼者中,玫瑰独占魁首,成为世界国花之最。据初步统计,视玫瑰为国花的国家有英国、法国、保加利亚、印度、伊朗、罗马尼亚、叙利亚等等。其实,我国是玫瑰的故乡,早在秦汉以前,玫瑰已在帝王的宫苑里种植。玫瑰属于

玫 瑰

蔷薇科，样子和月季花差不多。它株高2米左右，枝干粗壮，密生毛刺。玫瑰花常常3~16朵聚生在一起，变种繁多，有红色、紫红色、白色、黄色、黑色、蓝色、粉红色，等等，并有单瓣、重瓣之分别。玫瑰不仅鲜艳美丽，而且富含一种异香扑鼻的玫瑰油。玫瑰精油历来是国际市场上的抢手货，1千克玫瑰精油大约值1.5千克黄金。这种油香极了，只要很小一滴，便会使一大间房子香上好几天。用它可以做成闻名天下的高级香料，这也是人们为什么大面积种植玫瑰的主要原因之一。玫瑰花瓣还能食用，可制成玫瑰酒、玫瑰点心等，清香上口，回味无穷。玫瑰的花蕾和根还可入药，有理气、活血的功效。

长鞭炮的植物——毛子草

毛子草生长在我国西藏、云南、贵州、四川的高海拔地区，印度、尼泊尔等国也有分布。它是紫葳科的一种直立生长的草本植物，常扎根在岩缝之中。它长着许多片大叶子，上面侧生小叶2~6对，小叶呈披针形，整个大叶片就像深绿色的羽毛在风中舞动。花序长在茎顶，上面着生有5~20朵花；花梗长1~2厘米；花色有粉红、鲜红、淡紫和淡黄。每当花朵盛开时，犹如一串串五颜六色的鞭炮挂在山崖上，煞是好看。它的果实呈条形，长8~20厘米，种子很小，呈淡褐色，两端生白毛。毛子草不仅外形优美、花色艳丽，而且非常耐寒，能在高寒地区顽强地生长。它还具有很高的药用价值，青藏高原的人们常用它医治体虚、眩晕和贫血等病，效果良好。

世界上最大的花——大花草

世界上最大的花是大花草的花。这种花生长在印度尼西亚苏门答腊的热带森林中，也叫阿诺尔特大花草。此花直径最大者达1米以上，有5片大花被，每片长30~40厘米，一朵花有6~7千克重，花心像一个面盆，有圆

大花草

口，可以盛5~6升水。大花草寄生在葡萄科植物白粉藤的根茎上，全株植物无叶、无茎、无根，一生只开一朵花。刚开的时候有香味，不到几天就臭不可闻。不过大花草的臭味却跟香花的香味有同样的用处，也是为了吸引昆虫，特别是那些专吃腐烂物的蝇子和甲虫来传送花粉。大花草的样子与普通花一般无二，就是特别大。但是大花草结的种子却又出奇地小。可以说，大花草是一种奇特的花。如果有机会去印度尼西亚，别忘了去看一看它那奇特的风姿哟。

花序最大的草本植物——巨魔芋

巨魔芋是天南星科的植物。这是一种古怪的植物,在苏门答腊密林中一些潮湿的低洼地里可以发现它的踪迹。未开花的巨魔芋个子并不高,但它的地下块茎的直径有50厘米,从块茎上抽出一枝粗壮的地上茎。生长到一定时期后,便从茎的顶端抽出一个特大的肉穗花序。花序的下部隐藏在佛焰苞中,苞片内为红色,外为深绿色。在大花序上密布着许多黄色的雄花和雌花,但它的花并不芳香,而是散发出令人恶心的臭味。巨魔芋高达3米,比一个人还高。整个花序和下面的茎连起来,看上去极像一座巨型烛台。巨魔芋花序初出时,生长很快,每日可长高十多厘米;半月内长足开花,只开一日就萎谢。由于小花藏在苞内,很多人误认为整个花序为一朵极大的花。

喜欢吃肉的食虫植物——猪笼草

大家知道,动物吃植物,似乎天经地义;可是,大家未必就知道,在自然界中居然有些植物会捕食动物,这就是食虫植物。猪笼草是最有代表性的食虫植物,此类植物属于猪笼草科猪笼草属,同属有70多种,大多数生长在印度洋群岛、马达加斯加、印度尼西亚等热带森林里,我国广东南部及云南等省也有分布。猪笼草是半木质性的蔓生植物,有3米多高。叶子互生,叶片宽大,叶片的尖端延伸出细而长的叶梗,叶梗末端生出一个囊状物,好像小瓶子一样。每个"瓶子"口

猪笼草

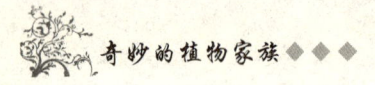

上都有一个小盖,能开能关。这个"小瓶子"就是它的捕虫武器,由于看上去很像运猪用的笼子,所以人们叫它"猪笼草"。有趣的是,猪笼草的"瓶盖"平时半开,"瓶口"和"瓶盖"同时分泌又香又甜的蜜汁,一些上当受骗的飞虫兴致勃勃地落在瓶口去吃蜜。由于瓶口很滑,飞虫一不留神就会掉进瓶里,这时"瓶盖"马上自动关闭,飞虫即使全力挣扎,也无济于事了。过一段时间,虫子就被瓶里的消化液分解了。猪笼草的种类很多,捕虫瓶的大小也不一样。据说有一种猪笼草,它的捕虫瓶有30多厘米长,不仅能捕捉昆虫,甚至还能捕食小鸟和小鼠。猪笼草不仅是美丽的观赏植物,而且可以入药,治疗肝炎、胃痛、高血压等病。

巧设陷阱的食虫植物——瓶子草

瓶子草属于被动捕捉型食虫植物,为多年生草本植物。它主要分布在美洲、亚洲热带地区和澳大利亚等地。全世界的瓶子草约有9种,它们的叶子奇形怪状,有的呈管状,有的呈壶状,有的呈喇叭状,看上去好似各种形状的瓶子,因此人们称它为"瓶子草"。这些瓶状叶内壁光滑,有蜜腺,有倒刺毛,下部还有消化液。瓶子草诱捕虫子的过程与猪笼草类似,虫子为蜜所吸引而不慎落入瓶底,就无法再出来;虫被消化液淹死并消化掉,最后营养物质被叶子所吸收。比较著名的瓶子草,有北美洲纽芬兰州的紫红瓶子草,美国加利福尼亚和俄勒冈州的眼镜蛇瓶子草,澳大利亚的澳洲瓶子草。其中,最有意思的是眼镜蛇瓶子草。这种草的瓶状叶上端弯曲,看上去好似蛇头;在接近瓶口处有一个叶片向下延伸部分,很像蛇的长舌。在"长舌"附近有一个小孔,此处还生有蜜腺。当昆虫从小孔钻进去吃蜜时,一不小心就会掉进瓶里,成为瓶子草的一顿美餐。这种草的叶片的顶端有一些透明的小亮点,酷似小孔,使钻入瓶中的昆虫无法找到出口。可以说,眼镜蛇瓶子草精心设计了它的陷阱,以期捕食到更多的昆虫。

食肉成性的毛毡苔

毛毡苔属于茅膏菜科，是一种淡红色的小草，它的叶全从基部长出，平摊在四周，叶柄细长。在那圆圆的叶片上，生满红紫色的腺毛，四周的腺毛长，中间的腺毛短，形成一个小凹兜。这些腺毛的尖端有一颗闪亮的小"露珠"，这是腺毛分泌的黏液，散发着甜甜的香气。当贪吃的小昆虫落在它的叶子上，立刻就被"露珠"粘住，而叶片上的其他腺毛也会迅速弯向昆虫，把它牢牢按住，同时分泌大量的黏液，将小虫活活溺死。过1~2天后，可怜的小昆虫就会被消化吸收，而这些腺毛又会直立起来，等候新的猎物。毛毡苔非常"聪明"，对落在它叶子上的东西有很强的鉴别能力。如果人们故意在它的叶子上放一粒小砂子，它是不会理睬的。毛毡苔主要生长在沼泽地或潮湿的地方，由于这些地方缺乏氮素和其他毛毡苔所需的营养植物，再加上毛毡苔的根系不很发达，它只好干起"捉"虫"吃"肉的副业，以此来改善它的"伙食"。

爬墙高手——爬山虎

爬山虎属于葡萄科爬山虎属。它的形状很像葡萄，枝条粗壮，叶像手掌，通常有3个裂片，春天开花，夏天结果，果实很小，呈球形。爬山虎是攀援植物中的佼佼者，通常可爬上二三层楼房的墙壁。爬山虎这种攀援的本领是与它奇特的构造分不开的。

原来，它的枝端生长着许多奇特的小卷须，每个卷须顶端都有一个小小的吸盘，当它一碰到房子的墙壁时，就会分泌出一种胶液，不管表面多么光滑，它们都会牢牢地吸在上面。即使遇到狂风暴雨，它们也会在几十米的高度上昂首挺立，不屈不挠。爬山虎生长快，容易成活，是大城市中最理想的绿化植物。爬山虎枝叶繁茂，在炎热的夏日里，仿佛就是一道天然的绿色"窗帘"，挡住了灼热的阳光；在金色的秋天里，它又如红似火，五彩缤纷，仿佛又是一幅精美的五彩图。爬山虎分布范围广，全国各大城

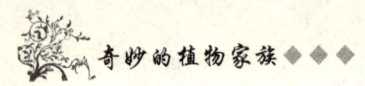

市都有它的踪迹。爬山虎不仅装饰着我们的家园，而且起到防尘隔音的作用，所以是一种对人类益处很大的植物。

爬山虎

食虫的水生植物——狸藻

狸藻为一年生的沉水草本植物，多分布于水流缓慢的淡水池沼中。它的根不很发达，茎又细又长。叶轮生，羽状复叶，分裂为无数丝状的裂片，在裂片基部散生着由叶片变成的球状捕虫囊。捕虫囊的构造十分有趣，很像南方渔民捕捉鱼虾用的鱼篓子，在开口处有一个只能向里开的盖子。有些小虫子经不住捕虫囊开口处分泌的甜液的诱惑，在附近游来游去，当小虫子碰到盖子时，盖子突然打开，小虫子便随着水流进入囊中。由于狸藻不会分泌消化液，所以要等到小虫子们饿死后才能吸收，这便是狸藻"吃"虫的锦囊妙计。等到所捕获的小虫子被消化吸收完后，盖子会重新打开，将囊中的水和猎物的残体挤出，为下次捕捉小虫子做好准备。狸藻在全世界均有分布，它属于狸藻属。狸藻属是食虫植物中最大的一个属，且大多数都是水生的，但也有一些陆生种类。如南美洲的森林里，有些狸藻生长在枯枝落叶上，有些狸藻生长在苔藓上，不过，它们都会捕食空气中的微小生物。

植物界中的寄生虫——菟丝子

菟丝子的生活从来不靠自己，它专吃"现成饭"。正如蛔虫、蛲虫等寄生虫给人类造成的危害一样，菟丝子给植物也造成了巨大的损伤。在春天，菟丝子的幼苗钻出土壤，像一条细细的小"白蛇"，扭扭曲曲地爬着。这条小"白蛇"向上伸展，上半截的身体不断盘旋。要是幼芽不能攀住一株合适的植物，幼芽就会枯死，因为菟丝子不能独立生活。可是，一旦植物被它缠住，事情就糟糕啦！菟丝子会左一圈、右一圈地紧紧缠住植物，使植物喘不过气来。同时，它的身体会长出许多像吸盘一样的小吸根，伸入植物的茎中，吸取别种植物的养料。此时，它的根和叶都用不着啦，于是根就死去了，叶子也退化成为一些半透明的小小的鳞片。此时菟丝子越发"贪婪"，从主茎上抽出一条条小白"蛇"似的新茎，密密地缠在植物身上。植株终于被菟丝子榨干营养死去。而菟丝子却长出一串串的球形花蕾，开放出粉红色的小花。最后，菟丝子结出许多小种子，撒落在地上，第二年春天，又一批"寄生虫"会破土而出了。农民们都非常讨厌它，称它为"植物中的吸血鬼"。

菟丝子

登高上树的寄生者——寄生

菟丝子经常侵犯的是草本植物，可在自然界中，还有一类喜欢登高上树的寄生植物，它们叫寄生。寄生常指槲寄生和桑寄生两种植物，它们常在树木的枝丫上安家。它们的寄生根也在忙碌地吸取树木体内的水分和养料。但桑寄生的"心肠"比槲寄生略好一些，因为它自己有黄绿色的叶子，可以进行光合作用，自制一部分养料；而槲寄生的叶已完全退化，或者仅留鳞片，全靠树木养活。有趣的是，在西藏和云南分布的桑寄生植物体上，竟然有另外的寄生植物寄生，它们专靠吸取桑寄生的水分和养料为生，形成寄生吃寄生的奇异现象。植物学家把这种寄生植物叫做重寄生。寄生虽然为害树木，但它还有神奇的功效呢。人们发现在凛冽的寒风中，它们也能挺立在枝头，保持鲜绿的颜色。根据它不怕冻的特性，人们用它来治疗冻伤，据说疗效相当不错。

槲寄生

隐居地下的寄生者——肉苁蓉

肉苁蓉是藏在土壤中的"隐士"。虽然它是有花植物，却愿意深居地下，与泥土为伴。原来它有自己的打算，它会偷偷地寄生在别种植物的根上，而不会被发现。由于长期吃喝别种植物的营养，它的叶子已完全退化，呈小鳞片状，完全失去了光合作用的能力。它有一株肥大肉质茎，贮存着充足的水分和养料。每年夏天，肉苁蓉会长出一个粗壮肥大的花序，序上

肉苁蓉

生有很多又大又好看的紫花。然后产生数万个细小的种子，撒落在土中，寻找新的寄主。一旦它发现了合适的植物根，便会毫不客气地粘上去，开始窃取养料。肉苁蓉开花几天后便会死去，可它的种子在地下寄生的生活可达数年之久。肉苁蓉喜欢生长在干旱的沙漠中，主要分布在我国内蒙古、甘肃、新疆等地区。它能滋补病人的身体，是一种著名的补药。

有趣的潜水高手——苦草

水生植物有一些是漂浮在水面的，如水葫芦；有一些是根在水底，叶、花、果实都浮在水面上的。可是，苦草却与众不同，它终生潜在水底，过着神秘的水下生活。苦草的根扎在水底的淤泥中，非常牢固，即使生长在湍急的河水之中，也不会被冲走。苦草的叶子非常谦虚，既没有高出水面，也没有浮在水面，而是沉浸于水下。它的叶子又长又扁，有利于捕捉透进水中的微弱阳光和二氧化碳，从而进行光合作用。奇怪的是，苦草属于雌雄异株的植物，在水下如何传宗接代呢？原来苦草有水面开花的本领，苦草的雄花会从佛焰苞中脱落，在水面上开放，水面上布满了它的花粉，而雌花都着生在一条很长的花序柄上，由它托着浮在水面开放。水流则成了传播花粉的媒介，它们载花粉冲撞雌蕊的柱头，使之授粉。授粉成功后，苦草会立即将子房拉回水中，让它在水里发育成果实。苦草适应水下生活的能力非常强，是当之无愧的"潜水高手"。

美丽高雅的百合

百合是一种多年生球根花卉。它花容隽美，香色俱佳，是一种高雅的名花。百合长有一个圆圆胖胖的鳞茎，由几十个至上百个鳞瓣合抱而成，无节，呈白色，百合的雅称也由此而生。它通常只生有一根笔直的茎干，高0.7～1.5米，四周没有分支，绿色的茎干上常带有紫色条纹，无毛。百合的叶散生，上部叶常比中部叶小，呈倒披针形。它在夏天开花，花朵着

百　合

生在茎干的顶端，像一个个卷了口的小喇叭，多为乳白色，外侧稍带棕色晕，幽香袭人。有的品种花显红色，或在上面点缀着斑斑点点的紫褐色，

或在周围嵌入一道金黄的彩边,格外美丽动人。百合的种类有100种左右,我国占有大约30种,是世界上百合种类最多的国家。它常生于山坡及石缝中,人工栽培常用鳞茎来繁殖。百合花含芳香油,可作食品、香料等。鳞茎富含糖、淀粉,是传统的食用佳品,并有清心安神、润肺止咳的功效。

叶绿果红的万年青

万年青是百合科的一种多年生草本植物,以四季常青闻名于世。它约有50厘米高,在地下有一个肥厚粗短的根状茎,上面着生许多细细的纤维根。叶基生,团团围绕成丛,叶子肥厚宽大,颜色深绿,叶形各异,有镶边、条纹、斑块等类型。它在春夏之季开花,从叶丛中央抽出一根又胖又短的花梗,上面生有穗状花序,密生着几十朵淡黄或褐色的小花,不算引

万年青

人注目。但在深秋之季,它却结出鲜艳耀眼的果实,初时近似叶色,继而摇身一变,化为橘红或金黄,犹如一大串艳丽的玛瑙,而且能保留一整个冬季。蜗牛是它嫩叶上的常客,经常吞食嫩叶,但千万不要碰它,原来当蜗牛的肉足爬过花上时,无意中把花粉带给了雌花,促成了美满姻缘。谁

能想到蜗牛竟也会充当起"媒人"的角色呢。万年青在我国许多省份都有分布。它常与水仙、青松、红腊一起出现在喜庆的场面中,增添了欢愉的气氛。虽然万年青的果实引人喜爱,但绝不能吃,因为它有毒。而它的根状茎可以入药,有清热解毒、利尿之效。

凌霄花开

凌霄属于紫葳科,是一种落叶木质藤木植物。它的身体弯弯曲曲,攀附在其他植物身上;茎干上有许多小气根,只要一碰上别的植物,就紧紧缠住,不肯松开。它的叶对生,奇数羽状复叶,小叶 7~9 枚,叶缘有规则的粗锯齿。它在夏天开花,每枝有 10 余朵,形成圆锥状聚伞花序,每个花序从基部向上持续开花约 50 天;花开时枝梢继续生长延伸,新梢又生新花,可以一直开到深秋。凌霄花橙红色,上面略具深红色条纹,花冠 5 裂,好像美丽的小喇叭。它 8 月结出豆角状的荚果,10 月成熟,荚果自动裂开,散飞出带翅膀的种子。凌霄花古朴典雅,秀丽端庄,十分逗人喜爱。人们常把它种在高大的棚架下,任其随意向上攀爬,几年过后,棚架

凌霄花

便成了凌霄花的天下，既美丽，又遮荫。不过，凌霄俗称堕胎花，是一种有毒植物，花粉闻久后会伤脑，孕妇闻久会流产。

著名的荫棚植物——紫藤

紫藤是豆科的一种大型木质藤本植物。它的茎干粗实，善于攀爬，常常在棚架上缠来绕去，不断伸展着枝条，而且枝叶繁密，可构成大面积的荫凉场所，在盛夏里献给人们一个清凉的世界。紫藤的脾气很倔，总是朝右缠绕而上，不信你就去观察一下。紫藤花十分美丽，许多淡紫色的小花集生

紫　藤

在一个大花序上，犹如挂在树上的串串紫葡萄，可爱诱人。在这些垂悬的大花序上，老花谢了新花又开，交替出现，美不胜收。紫藤喜欢阳光，不畏寒冷，是我国布置庭园荫棚最著名的植物。一株紫藤便能形成一个绿色的世界，所以常被人们种在花棚、凉亭或院落中。紫藤的枝条可用来编造高级工艺品；整株植物还可制成盆景，或者切花；茎、皮、花、果皆可入药，有解毒、祛虫、止吐泻的功效；嫩叶还可以吃。

清新高雅的马蹄莲

日常生活中，人们常用洁白无瑕来形容马蹄莲的风格。但你可知道，我们欣赏的并不是它的花！原来，它真正的花开在平时被人们认为是黄色花心的肉质柱上，而所谓的白色大花冠则是马蹄莲的佛焰苞。由于佛焰苞极其洁白美丽，常会引起人们的错觉，往往就把它当成花了。马蹄莲属于

天南星科的一种多年生草本植物。天南星科的植物有一个通性，就是都长着一个佛焰苞，包裹着真正的花序。马蹄莲身高可达 1 米以上，地下生有肉质块茎。叶呈箭形，叶柄很长，花梗挺出叶丛，秀雅别致，上面着生佛焰苞。它浑身翠绿，佛焰苞纯白或乳白色，张开时状如马蹄，故名马蹄莲。佛焰苞中央便是它的肉穗花序，花很小，雄花生在花序的上部，雌花生在花序下部。马蹄莲因佛焰苞形态的别致和肃雅清白的花色，而成为有名的花卉，摆放在室内，十分幽雅典丽。马蹄莲的故乡是南非，如今足迹遍布世界各地。

芳香的米兰

米兰花色米黄，像米粒一样，花香似兰，故名米兰。有诗赞曰："瓜子小叶亦清雅，满树又开米状花，芳香浓郁谁能比，迎来远客泡香茶。"既描写出了米兰的特点，又反映出诗人对它的爱慕之情。米兰又叫米仔兰或树

芳香的米兰

兰，是一种四季常绿的灌木或小乔木。它身高 5～6 米，分支多而密，幼嫩

的枝条上常能见到一些像小星星一样的暗红色鳞片。奇数羽状复叶,小叶3~7片,呈长椭圆形,叶片不太大,翠绿有光泽,到了冬天也不落叶。米兰在夏秋之季持续开花,它的花一串一串的,上面生有许多金黄色的小花,非常漂亮;开花时节香气四溢,沁人心脾。米兰喜阳爱湿,不耐干旱和寒冷,所以大都分布在炎热的南方地区。米兰可栽在盆中陈列于室内,室内便会充满芳香。米兰花可提炼芳香精油,拌入茶叶中,香味倍增。它的木材细致,可制作家具或用于雕刻。茎、叶、花可入药,有解郁、疏风、解表的功效。

顶冰冒雪的侧金盏花

在我国东北的长白山林区,春天来得特别迟。4月上旬,山坡上的积雪尚未融化完,草木仍旧是一片枯黄。然而,细心的人们却会发现,一种不起眼的小草正在雪堆中长出,顶着冰雪绽放开花朵,它就是侧金盏花,有人也叫它顶冰花。虽然大多书本上很少提到过这种普通的小草,但它那不畏寒冷的精神却让人肃然起敬。侧金盏花是一种多年生的草本植物。它根茎粗壮,长有许多黑褐色的须根。开花时茎高5~20厘米,之后可长到30~40厘米,在茎的底部长有几个白色或淡褐色的膜质鞘。它先开花后长叶,叶片呈三角形,有许多深深的裂口。花生在茎顶,花黄色,花萼是白色或淡蓝色。侧金盏花有着极强的耐寒能力,在极其寒冷的夜间,尽管它的茎叶已经僵硬,但日出天暖后仍能开花吐粉,玩冰戏雪,生命力可谓强矣!侧金盏花还是一味中药呢,它的根茎有开窍醒神的功效。

花中君子——荷花

荷花是睡莲科的多年水生植物,又称莲花、水芙蓉,是我国的名花。历代诗人与学者对荷花给予了高度的评价,南宋诗人杨万里曾有佳句"接天莲叶无穷碧,映日荷花别样红";更有文人周敦颐称赞荷花为"出淤泥而不染,濯清涟而不妖"。荷花的茎分成许多节,扎在泥土中吸取养料;它的

叶片很大,托出水面,像一把把撑开的"绿雨伞";它的花也很大,粉红色

荷　花

的花瓣,金黄色的花蕊,发出阵阵的清香;它在秋天结实,果实呈蜂窝状挺立在花梗之上。荷花种类繁多,各有特色,主要分为食用莲和观赏莲两大类。食用莲地下茎肥大,结果较多,如大白莲、东湖红莲、粉川莲等;观赏莲形状雅丽,色彩鲜艳,如紫莲、碧莲、佛座莲、千叶莲、并蒂莲等等。荷花浑身是宝,它的地下茎即为大家熟知的"藕",生食熟食皆可,是大家喜爱的蔬果;还可以加工成藕粉、蜜饯和糖藕片等,味道鲜美。莲子是一种传统滋补品,有补脾养心的功效,使人更加健康壮实。荷叶性平而味苦,是清热解暑的良药。荷花的雄蕊,阴干后称为莲须,有清心固肾、乌须悦颜的妙用。

含羞草会"害羞"的

你见过含羞草吗?如果你轻轻碰它一下,它就会像少女一样,两片开放着的羽状复叶立即"害羞"地闭合起来了;要是碰撞得重一些,甚至

整个叶柄都"害羞"得低垂了。含羞草为什么会这么"害羞"呢？原来它是一种原产热带南美洲的植物，那里经常有暴雨，当最初几个雨点落在含羞草叶片上的时候，它灵敏的"动作"早已使叶柄低垂，渐渐全株都会呈现出萎蔫的样子，以躲避狂风暴雨对它的伤害。这是它适应环境变化的一种特殊本领。含羞草形状多种多样，有的直立生长，有的爱攀

含羞草

爬到别的植物身上，也有的索性躲在地上向四周蔓生。它的茎叶上长着无数的刺和毛，所以牲畜并不喜欢吃它。它又是农作物的大敌，人们把它作为田间杂草清除掉。含羞草可以做药，主要医治失眠、肠胃类等病症。

楚楚动人的美人蕉

美人蕉是一种多年生草本花卉。它的根状茎肉质，在根茎节的四周散生着许多细长的须根。它身高80~160厘米，身上常常被有一层淡淡的白粉；叶宽大光绿，非常像芭蕉叶。它开花时间长，从夏天一直开到秋天；

花序生于茎顶，花瓣直伸，有大红、淡黄、橘黄三种颜色，鲜艳美丽。如果把美人蕉比作美丽的少女一点儿也不过分，你看它那鲜艳的花朵就像少女秀丽的脸庞，挺立的绿茎就像少女修长的身材，宽大翠绿的叶片就像不断舞动的长袖，而身上淡淡的白粉就像少女刚刚化过妆一样。难怪有诗赞曰："芭蕉叶叶扬遥空，月萼高攀映日红。一似美人春睡起，绛唇翠袖舞东风。"美人蕉不仅可以装饰花坛和美化庭院，而且能够吸收有害气体。它的花和根茎都可入药，花有止血的功效，根茎有清热利湿的功效。它的根富含淀粉，既可食用，又可作工业原料。

功过皆有的罂粟

罂粟也叫大烟花，是一种两年生草本植物。它全身呈粉绿色，光滑无毛，椭圆形的叶片围抱着茎干，叶缘上布满锯齿。罂粟的花很大，单生于细长的花梗上，花蕾弯曲，开花时才挺直向上。罂粟花有4个大花瓣，围绕

罂粟花

着中央的花蕊，花瓣有白、红、紫等多种颜色，非常漂亮。它结的果实很有趣，像一个个椭圆形的小罐子，上面还有盖，里面装着满满的种子。在

罂粟未成熟的果实中，含有一种白色乳汁，遇到空气便会凝固，成为人人皆知的鸦片。鸦片中含有吗啡等生物碱，能镇痛、止咳、止泻，用它治疗肠胃病，比什么药都灵，因此对人类健康有益。但有些见利忘义的人常把它制成毒品，供人吸用。经常吸鸦片烟的人会上瘾，中毒越来越深，导致患上各种严重疾病，而且上了瘾的人为了搞到鸦片烟，往往不择手段，最后弄得倾家荡产，贻害无穷。因此，许多国家严禁人们种植罂粟。

江南名花——玉簪花

相传天宫里的王母娘娘有一次与众仙女欢宴，由于高兴便喝多了酒，不小心把头上的玉簪掉在地上，于是化为人间的玉簪花。由此可见，玉簪花是多么美丽。玉簪花是一种多年生草本植物。它的根状茎粗大，上面生

玉簪花

有许多细长的须根。叶子都是从植株的基部长出来的，具有很长的叶柄，叶片肥大鲜绿，呈心形，有明显的主脉。它的花茎高出叶片，顶部着生 9～15 朵花，花呈管状漏斗形，洁白如玉，散发出阵阵幽香。玉簪花好像很害羞，总是在夏日的夜里偷偷开放。玉簪花不但花容娇美，叶片青翠，而且

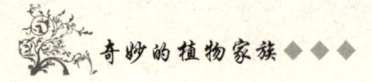

还有许多优良的品质。它不怕寒冷，在我国东北、西北、华北都有分布；它对日光需求很少，相当耐荫，即使在林下或建筑物的北面，也能长得郁郁葱葱。玉簪花含芳香油，可提制芳香浸膏；叶、花、根都可入药，有清热解毒、消肿利尿的功效。

鲜艳夺目的一品红

一品红，又名圣诞花、象牙红、猩猩木，是大戟科的一种半灌木花卉。它有一根细长的笔直向上的茎干，茎内含有白色的乳汁，茎上长着一片片大叶子。它在12月份开花，这也是它一年中最美丽灿烂的时候。它的花朵在茎干顶端开放，花小，呈杯状，四周围绕着一圈鲜红的叶片，鲜艳夺目，丽若云霞，常使人们错误地认为叶片便是花瓣。这种叶片开始呈绿色，开花时变成艳红色，仿佛是专为花朵配置的。它的开花时间常在圣诞节前后，给美好的节日带来喜庆欢乐的气氛，这也是"圣诞花"名称的由来。它的花期长，色彩鲜艳，给寒冷单调的冬季增色不少，是冬季最优美的室内花卉之一。一品红原产墨西哥及中美洲，在我国南方冬暖之地也可栽种。一品红还有一位兄弟叫一品白，它的枝条上部叶片变白，仿佛开着一朵大白花，此品种非常少见。

牧草之王——苜蓿

苜蓿是苜蓿属植物通称，俗称"金花菜，"是一种一年生或多年生草本植物。它是一种优良的牧草，号称"牧草之王"，栽培历史悠久。全世界共有16种苜蓿，其中紫苜蓿和南苜蓿最为出名。紫苜蓿是多年生草本，多分支，高30~100厘米，叶具3小叶，花呈紫色。它的蛋白质含量在所有牧草中是最高的，种子含油10%左右，为优良的饲料植物，现在广布世界。南苜蓿的茎稍软，匍匐或稍直立，高约30厘米，基部多分支，叶也具小叶，花呈黄色。它的氮、磷、钾含量比紫云英还高，主要用作绿肥和牲畜饲料，其嫩叶也可供人食用，我国各地均有分布。苜蓿家族中还有一些成员，如小苜蓿、野苜蓿、天蓝苜蓿等，都可作牧草和饲料，但质量稍差。苜蓿营养价值极高，除富含蛋白质外，还有多种维生素和脂肪酸，是其他牧草所不及的。另外，它有极发达的根系，能与根瘤菌共生，产氮量颇高，能够改善土壤，提高土地的肥力。

巧设牢狱的马兜铃

马兜铃是一种多年生草本植物，喜欢四处攀援。它的根很长，在地下延伸，到处生苗，初生的小苗呈暗紫色。它的整个身体无毛，叶互生，顶端渐尖，基部心形。马兜铃在夏天开花，花单生于叶腋，花被喇叭状，内含一个很长的管道，基部急剧膨大成球状，雄蕊贴生于粗短的花柱体周围。马兜铃的花雌蕊先成熟，雄蕊后成熟，因此无法自花授粉，这可怎么办呢？其实，它自有"高招"。每当开花时，它就放出一阵阵臭气，把一种叫潜叶蝇的飞虫吸引过来，这种小虫

马兜铃

会从花被的喇叭口穿进去，并被花被中斜向基部生长的毛堵在里面。被困的小虫不知所措，钻来钻去，无奈倒生的硬毛把归路堵得死死的，怎么也逃不出这个"活牢狱"，倒把身上所带的花粉传授给了雌蕊。小虫在花中过了一夜后，马兜铃的雄蕊会变成熟，花药破裂，于是小虫又粘上了新的花粉。至此，马兜铃的目的已全部达到，也会觉得有些对不住小虫，便会将硬毛变软，放小虫出"狱"。重获自由的小虫又会向着另一朵马兜铃飞去，

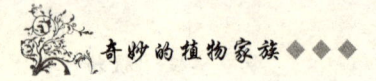

去执行新的光荣的传粉任务。

会怀胎的草——珠芽蓼

珠芽蓼是蓼科的一种多年生草本植物。它的地下茎呈根状，肥厚，为紫褐色；地上茎直立，有10~40厘米高，不分支。基生叶有长柄，叶形为矩圆形或披针形，革质；茎生叶无柄，披针形，较小。花序呈穗状，顶生，有时会在花序的上部或下部生出小"珠芽"，它是一种营养繁殖器官，在母体上就可以萌发长出小苗来，不久就会落在地上，长成新的植株。它的这种"胎生"特性，使得幼苗的成活率大大提高，因而对种族的延续非常有利。珠芽蓼是一种高山地带植物，喜生高山草原或林下湿润地区，主要分布在我国吉林、内蒙古、新疆、陕西、四川、西藏等地；日本、朝鲜、蒙古、印度、欧洲和北美也有分布。它的瘦果和根状茎含淀粉，可供酿酒。另外，禾本科中的胎生早熟禾也具有胎生性质，它的小穗成熟后，在母株上就发芽成为小苗。

备受喜爱的郁金香

郁金香是世界闻名的园林花卉。它色彩丰润，艳丽得叫人睁不开眼，美得让人透不过气来。它还是荷兰、土耳其等国的国花，成为这些国家人民的骄傲。郁金香属于百合科的多年生草本植物。它的成长历程很有趣：人们在深秋就得将它的球根种入肥沃的土壤，冬天里它也不闲着，在地下忙着生根，春天长出茎叶，初夏开花，然后休眠，结出子球，如此反复。郁金香的叶从球根中央发出，基部叶较大，呈阔卵形，上部叶从花茎上长出，较小，呈长披针形。它的每一支花茎顶上只开一朵花，特别大，像一只漂亮的高脚杯。花的颜色众多，有红、橙、黄、白、紫等色，也有的一朵花上就有好几种颜色，艳丽多姿，令人目不暇接。最叫绝的是一种黑色的黑郁金香，是郁金香花中最名贵的，深受人们的青睐。郁金香经过欧洲人民的长期培育，品种已达1万多个，成为国际花卉市场上的"热门"货之一。郁金香常被作为胜利和美好的象征,在许多节日的庆典上都能见到它的芳影。我国也从国外引种了一些郁金香品种,美化着人们的生活。郁金香还有报警功能呢,它的叶片变黄说明环境中存在毒气,提醒人们赶紧采取措施,消除污染。

聪明的苍耳和牛蒡

苍耳和牛蒡都属于野菊科中的植物,它们都是比较常见的荒地野草。苍耳长得不高,三角形的叶片较柔软,浑身长满细毛,雌花序仅有两朵小花,一点儿也不起眼,果实有花生米大小。牛蒡长得比苍耳高大得多,茎挺拔,叶呈宽卵形,比苍耳的叶要大许多,花为淡紫色,果实也比苍耳的大。苍耳和牛蒡都很"聪明",它俩的果实上都长满了弯弯的钩刺,就好像一些绿色的小刺猬,当人或动物经过它们时,常会挂在人和动物的身上,随着人和动物进行旅游,在很远的地方安家,这是一种非常巧妙的传播种子的方法。苍耳和牛蒡还可入药。苍耳的果实可治鼻炎、风湿等病。牛蒡的果实能疏散风热,解表透疹,利咽消肿;根、茎、叶能清热解毒,活血止痛。

珍奇的鹤望兰

鹤望兰是世界闻名的观赏花卉。它属于芭蕉科,原产于非洲南部,我国的北京等地也有栽培。它是一种多年生常绿草本植物,高达 1~2 米。它的叶形很像芭蕉叶,但较芭蕉叶要小得多。鹤望兰在春夏开花,花期很长。它的花形奇特,橙黄的花萼,深蓝的花瓣,雪白的柱头,紫红的总苞,整个花序宛如引颈遥望的仙鹤,鹤望兰的名称也由此而来。鹤望兰对生长的环境很挑剔,它喜阳光充足,却不耐夏季烈日,所以冬季需充足阳光,夏季则最好放在荫棚下。鹤望兰的成长与小鸟结下了不解之缘,它既需要小鸟为它传粉,又依靠小鸟帮助它传播种子,所以人们还称它为极乐鸟花。鹤望兰被认为是幸福和自由的象征,博得人们的喜爱。人们走亲访友，常送上一束鹤望兰，既表达了美好的祝福，又增添了不少情趣。

鹤望兰

有趣的牵牛花

牵牛花，又叫喇叭花，是一种一年生的缠绕草本植物。它的茎可达3米，细细的，常常缠绕在其他的物体上，努力向上生长。它的全身被有粗硬的毛，叶子稀稀拉拉，有些像狗耳朵，所以我国古书上也叫它狗耳草。牵牛花在夏天开放，花有白、红、紫、青等颜色。花冠呈漏斗状，更像一个个色彩缤纷的小喇叭。花瓣边缘的变化也很丰富，有的呈皱褶状，有的呈波状沟槽形，有的呈圆形。有一种大花牵牛，日本名字叫朝颜，花朵直径可达十余厘米，是名副其实的"大喇叭"。牵牛花的"时间观念"很强，每天清晨4点钟左右开花，到了中午还会"午睡"。它把花朵关闭起来以躲避强烈的阳光。牵牛花中含有花青素，它是"变色大师"，遇碱变蓝，遇酸变红。清晨，牵牛花中糖分减少，碱性变强，所以花呈蓝色；上午，花中糖分逐渐增加，酸性变强，花呈紫色；中午，花中糖分更多，酸性更强，花又变成了红色。牵牛花除了具有观赏价值外，其种子含牵牛子甙等成分，可治疗肾炎、肝硬化腹水等病。

牵牛花

清香淡雅的兰花

"幽兰在山谷，本自无人识。只为馨香重，求者遍山隅。"这是陈毅元帅歌咏兰花的一首诗。兰花被认为是最雅的一类花草，是我国人民最喜爱的花卉之一。古往今来，无数的诗人和画家写诗、作画来赞美兰花，借物咏志。兰花属于兰科植物，兰科植物是一个非常庞大的"家庭"，全世界共有17000余种，为世界第二大科。兰花种类繁多，分布很广，按生态习性可分为地生兰和气生兰两大类。我国传统栽培的兰花是属于兰属中的几种地生兰。顾名思义，地生兰生活在地上，系常绿宿根草本，它们的假鳞茎较小；叶片较薄，花序直立；花常有6片花被，排成2轮，每轮3片，其内轮3片相当于花瓣，其中后面的一片最大，样子像嘴唇，称为唇瓣。地生兰根

兰　花

据花期可分为春兰、夏兰、秋兰和寒兰等四大类，每类兰花又各具千秋。例如，秋天开花的建兰，花葶直立，花为浅黄绿色，有浓郁的芳香，以香味著称；而春天开花的春兰，以花瓣形状多样闻名，有梅、荷、水仙、素心和奇瓣五大瓣型。我国的宝岛台湾是著名的"兰花王国"，约有100多个品种。其中有一种蝴蝶兰，它的花就像一只只蝴蝶，曾在第三届国际花卉展览会上荣获冠军。

端庄的君子兰

君子兰是一种多年生的草本植物。它的根系粗壮，肉质。叶子左边长一片，右边也长一片，革质，又宽又厚，上面的叶脉清清楚楚。君子兰能存活20多年，它常在5~6岁就能开花。它的花葶直立扁平，自叶腋中抽出，高30~40厘米。花数不等，有的只开一朵，有的则开十多朵，合生花呈漏斗形，大多呈橘红色。它的花期较长，可持续一个多月。大部分君子兰一年开一次花，有些长得好的君子兰可在春秋各开一次。我国栽培的君

君子兰

子兰有大花君子兰和垂笑君子兰两大类,另外有些新品种如黄花君子兰和香花君子兰则更为名贵。君子兰的叶和花都很美,两列叶片左右对称,似腾飞的双翼;花朵翘立叶丛之上,雅丽无比。整株植物给人以端庄、肃雅的感觉。君子兰喜欢温暖潮湿的地方,耐荫怕寒冷,所以,在南方可以露天生长,在北方则常被做成盆景放室内。

会骗婚的角蜂眉兰

兰科植物的花都非常特殊。花常有6片花被,排成2轮,每轮3片,其内轮3片相当于花瓣,其中后面的一片最大,样子像嘴唇,名为唇瓣;雌蕊柱头和雄蕊合生成蕊柱,其顶部为花药和柱头,花粉形成花粉块。兰科植物有2万多种,都有各自的高招引诱昆虫来助其传粉,其中最著名的"骗子"便是角蜂眉兰。角蜂眉兰的花朵娇小而艳丽,唇瓣圆滚滚、毛绒绒,上面分布着黄色与棕色相间的花纹,酷似雌性角蜂的身躯,而且会散发出与雌性角蜂性信息素极为相似的化学物质。角蜂眉兰在春天绽开时,也正是角蜂的羽化期,一些先于雌角蜂出生的雄蜂,在飞翔中会闻见兰花散发

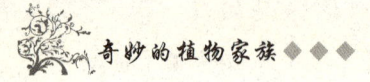

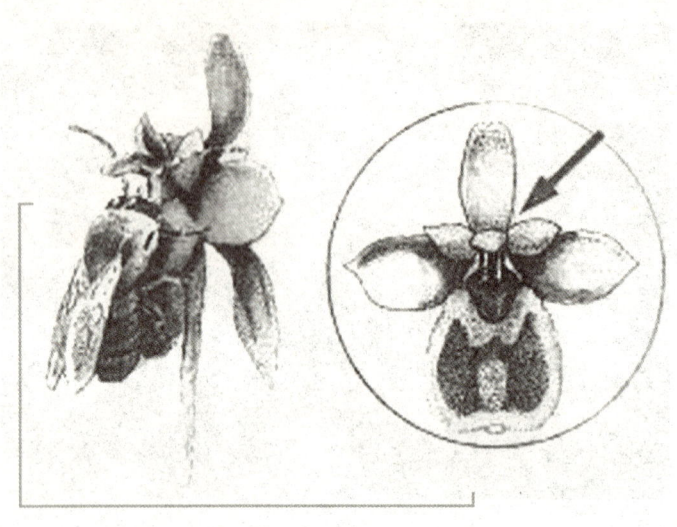

角蜂眉兰

的性信息素,误以为是雌虫在向它"求爱",因而会毫不犹豫地落在兰花的唇瓣上,用足抱住"配偶",于是蕊柱上的花粉块便粘在雄蜂的头上。当受骗的雄蜂"求婚"不成时,只好另觅"佳人",又会被其他的角蜂眉兰所骗,把头上的花粉块送到了新骗子的头上。于是,可怜的雄蜂不但没有找到配偶,反而成了角蜂眉兰的"媒人"。

会旅行的蒲公英

蒲公英是菊科的一种多年生草本植物。在山野、平原、田地都能经常发现它的身影。它的根呈长圆柱形,全身十多片叶子在地面上围成一圈,像一个莲座,叶片的边缘有一些深浅不一的裂口,像被谁用剪刀剪过一样。蒲公英的身体中有一种白色的乳汁,如果掐断一张叶片,就会看见雪白的汁液从伤口处冒出。它在春天开花,又瘦又长的花葶顶着一个像脑袋一样的金黄色花朵,如果我们把它打开就会发现,这个花朵是由许多像舌头一样的小花组成的。最有趣的是在秋天,它的花朵结出了小种子,每个小种子上有一簇白茸茸的冠毛,微风吹过,它们便依依不舍地告别养育它们的"母亲",乘着像降落伞一样的冠毛,随风飘扬,会旅行到很远的地方安家落户。蒲公英还具有清热解毒的药效,能治乳腺炎、疮疖等病呢。

蒲公英

会测温度的植物——三色堇

三色堇最早生长在欧洲,现在,我国许多地方都有栽种。它是堇菜科的一种一年生无毛草本植物,又叫猫儿脸或蝴蝶花,是一种非常美丽的小草。它的主根短细,灰白色。叶片卵圆形,托叶大。它在春夏季节开花,花梗从叶腋生出,每梗1花,花非常大,常常是蓝、黄、白三种颜色混合在一起,所以叫做三色堇。它对气候变化特别敏感,能像温度计一样测量出温度的高低。当气温上升到20℃以上时,它的枝叶向斜上方伸展;当气温在20℃时,它的枝叶恢复正常状态;当气温降至15℃时,其枝叶慢慢向下运动,直到与地面平行;当气温降至10℃时,它的枝叶开始下垂。人们根据它的枝叶伸展方向,便可知道气温高低,所

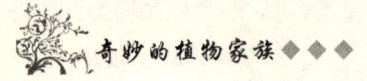

以，又有人叫它"气温草"。

三色堇

只有一片叶的植物——独叶草

独叶草是国内外的植物学家非常重视的一种小草，也是我国特有的一种植物，只分布在云南、陕西、甘肃、四川等省。它属于毛茛科的一种多年生植物，一生中只长一片叶，只开一朵花。它的叶子近圆形，有5个裂口，叶脉从叶片基部中央向周围辐射，每条叶脉在顶端又一分为二。这个特征在被子植物中实属罕见，与裸子植物中的银杏树极为相像。它的叶直接从地下根状茎的节上生出，长长的梗不是茎，而是叶柄，这个特征又很像蕨类植物。独叶草的小花呈淡绿色，由花被片、退化雄蕊、雌蕊和心皮构成，在花朵发育的早期，心皮微微张开，像一片片幼叶；小花的各组成部分都是分开生长，并且呈螺旋状排列，这种特征只是在最原始的被子植物木兰科植物中才能找到。独叶草地下茎内输送水分的导管细胞之间并不连通，而是间隔着有孔的穿孔板，这种特殊的结构在毛茛科中唯它独有。以上的这些性状，对于研究植物的进化和起源极为有利，是解释植物演变过程的有力证据，难怪引起植物学家们的特殊重视呢。

天然钻头——针茅

在我国新疆和西伯利亚的干旱草原上，生长着一种叫针茅的优质牧草，它的果实能自己钻入土中，因此人们也叫它钻草。针茅的果实尖锐如针，前部长着可防止果实后退的倒刺，最末端长着螺旋形的芒柱，整个果实的形状很像一个极微小的钻头。秋天来到时，成熟的果实被风吹落到地上。随着湿度的变化，芒柱会来回旋转：当潮湿时，螺旋状的芒柱会逆时针旋转；当干燥时，芒柱又会顺时针旋转。随着芒柱的转动，果实就会被一点一点地推入土中。由于倒刺的限制，果实不会后退，只会朝土里钻。进入土中的果实，在合适的条件下便会萌发，长成新的植株。另外，芹叶太阳花的果实也有穿入土中的本领，与针茅极为相似。它们的这种特性，对于植物繁殖极为有利。

紫云英的奇用

在北美洲有个地方，当地人称之为"有去无回"山谷，人和动物都不敢进入，一旦误入，就会很快死亡。原来，这个山谷中含有大量的硒，人和动物万一食用了富含硒的植物，便会中毒死去。但紫云英却对硒格外喜爱，能从土壤中大量吸收硒，并积累在体内。于是，人们在谷中大量种植紫云英，割

紫云英

下晒干后烧成灰，从灰中提取硒，既省钱，又省力。紫云英是豆科的一种

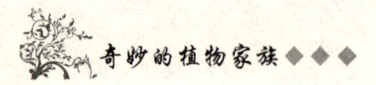

草本植物，株高1米左右，最高可达2米以上。它的根十分粗壮，呈圆锥形，复叶呈羽状，花淡紫色到紫红色，偶见白色。每年春末夏初是紫云英的开花季节，花香四野，引来无数的蜜蜂争相采蜜。紫云英蜜也以甘醇芳香誉名中外。紫云英无论干草还是鲜草都营养丰富，含有大量的蛋白质、脂肪、淀粉以及多种微量元素等，因此是一种优良的饲料。它的含氮量也极高，所以，又是一种宝贵的绿肥。紫云英喜爱温暖湿润的气候，在我国南方分布广泛。

水中的清洁工——水浮莲

水浮莲遍布江南各省，它生长旺盛，凡是有水的地方就能找到它的身影。水浮莲的学名叫凤眼莲，是天南星科的一种多年生草本植物。它漂浮在水面生活，长楔形的叶子围成杯状，就像一朵浮在水面的绿色莲花，所以人们称其为水浮莲。水浮莲的须根十分发达，最长达50厘米，密密麻麻，就像一张网，吸收着水中的营养物质和多种有毒物质，有净化污水的作用。一些严重污染的河塘自从养上了水浮莲之后，污水变得清澈透明了，鱼虾也越来越多，恢复了往日的生机，所以，人们亲切地称它为水中的"清洁工"。水浮莲繁殖时，向四周长出一条条细茎，不久，就会在细茎的头上长出一株新的水浮莲，因而在很短的时间内，便能覆盖整个池塘。水浮莲营养丰富，含蛋白质、脂肪、淀粉和糖等多种物质，是牲畜爱吃的优质饲料。

攻占海滩的尖兵——大米草

大米草与稻谷没什么联系，它是禾本科的一种多年生草本植物，是欧洲海岸米草和美洲互花米草杂交产生的"混血儿"。它的耐盐力极强，生长快、密度大，植株高，具有迅速巩固海滩地的高超本领，被誉为攻占海滩的"尖兵"。很久以前，在荷兰人围海造田的壮举中，大米草发挥了不可忽视的作用。世界上的许多国家纷纷引种，我国也在1963年把大米草引入国门。大米草有促淤、消浪、滞流的作用,对于围海造田、保护堤岸有着重要的意义。它茎叶嫩绿,营养丰富,是家畜和鱼类爱吃的饲料。而且在围

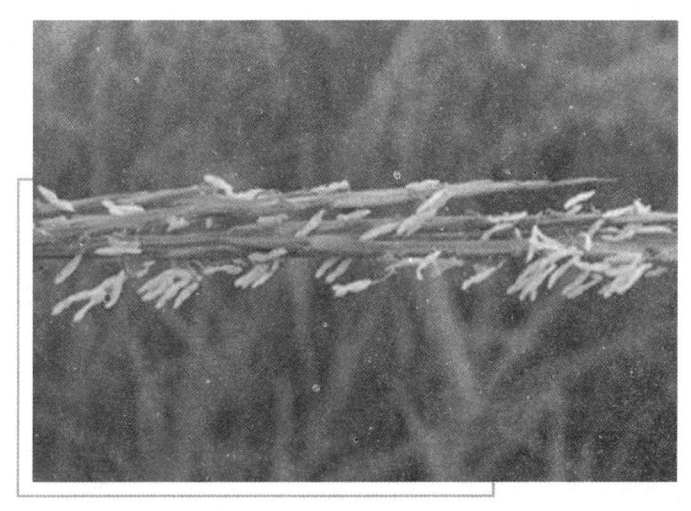

大米草

海造田后,大米草会默默无闻地死去,变为肥料,改良了土壤。大米草还是理想的造纸原料。可以说,大米草在生前辛勤地为人类开辟新的家园,死后也把自己的躯体献给了人类,不愧为人类的好朋友。

蛇惧怕的植物——复草

复草是桑科的一种一年生或多年生缠绕草本植物,除新疆和青海外,我国各省区均有分布。在沟边和路旁荒地经常可以找到它们。复草的茎细长,叶的质地像纸一样,叶片形状像手掌,浑身上下长满倒钩锐刺。复草非常凶恶,到处乱爬,常常缠绕在其他的植物身上,把这些植物缠死。它还与植物一起争抢肥料,在它附近生长的植物常常被它搞得"面黄肌瘦",苦不堪言。它满身的倒刺常把人刺得火辣辣地痛,连毒蛇都不敢靠近它,农民们习称它为"蛇不钻"。复草有祛风、消肿、解毒的功效,可以医治蛇伤和狂犬病;种子可榨油,能制成肥皂、油墨和润滑油;茎含纤维,可以

提制出来，用于纺纱织布；整株植物还可提取汁液用于灭虫，效果很好。

顽强的落地生根

落地生根是景天科的一种多年生肉质草本植物，主要分布在云南、广西、广东和台湾等地。它高1米左右，主干有拇指般粗，质地厚实；羽状复叶，肉厚多浆，或在上部为三小叶，或为单叶，小叶片矩圆形至椭圆形，两端圆钝，边缘有粗的圆齿，圆齿底部容易生芽，芽长大后落地就会长成一株新植株；圆锥状花序顶生，花萼圆柱状，花冠高脚杯状，粉红色的花朵开在绿油油的叶子上面，煞是好看。落地生根正如它的名字一样，具有顽强的生命力，不怕干旱雨淋，即使把它砸得粉碎扔在土里，在2个月内，叶梢上存留的小小芽瓣也会生根长大，所以人们也叫它"打不死草"。落地生根全身都能入药，治疗跌打损伤效果极佳，所以还有人叫它接骨丹。

花朵最小的植物——浮萍

谈起浮萍，我们并不陌生，它是一种漂浮在水面上的植物，在很多有

浮　萍

水的地方都可以找到它们的踪影。它们随波逐流,浪迹天涯,所以人们常用"萍踪"来比喻行迹不定。浮萍的样子很简单,一片绿油油的椭圆形的小叶子和一条垂在水中的细长的根,叶子最长也不会超过4厘米。浮萍是世界上长得最小的有花植物之一,而在浮萍家族里还有一超级"小兄弟"——无根萍,它的花是世界上最小的花。虽然无根萍的外形与一般浮萍相似,但是无根萍小得像水中的一粒粒绿色的细砂,它长约1毫米,宽则不到1毫米,比芝麻粒还小;由于它没有根,所以人们叫它"无根萍"。无根萍的花太小了,直径不到1毫米,只有缝衣针的针尖那么小,难怪人们对它的印象不深呢。别看浮萍的各个方面都小,它还很有经济价值哩。浮萍体内含有大量淀粉,加上它繁殖快、来源丰富的特点,使它成为一种养鱼和养畜的好饲料;浮萍还可入药,用于治疗风湿、瘫痪等症,所以,千万不要小看它呀!

喜吃细菌的植物——天麻

初见天麻的人会感到惊讶,因为它既不长根,也不长叶,这对于一种

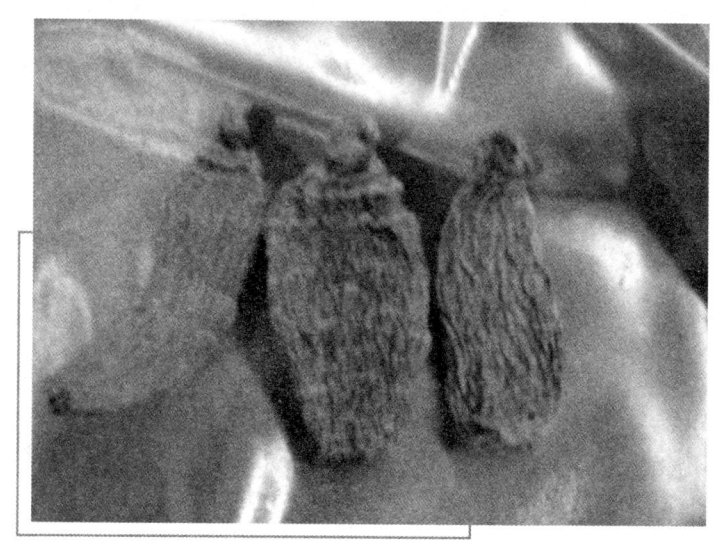

野生天麻

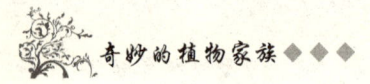

植物来说，是不可思议的事。那么，它是如何成活的呢？原来，天麻喜欢在腐烂的树根和树叶旁边生活，在这种环境里常常生活着一种叫做蜜环菌的真菌，它能寄生在多种植物上。可天麻不但不怕它，而且对它情有独钟，原来当蜜环菌的菌丝大量进入天麻茎里的时候，会被天麻体内的一种叫做溶解酶的物质分解，分解后的营养物质进而被天麻吸收，所以，天麻没有根和叶，照样会长高变粗。天麻的茎有50厘米左右，上面开满了红色的花，远看很像一支红色的箭，所以，天麻也叫赤箭。现在，人们知道天麻是一种食菌植物，也了解它的许多生活特性，故而常用人工培养的蜜环菌拌种天麻，实现天麻的人工繁殖。天麻是一种名贵的中药，能治许多疑难的疾病，对人类的健康很有益处。

情系太阳的花——半支莲

半支莲是一种草本植物。它的个头不高，通常只有四五寸长。它的茎

半支莲

圆圆胖胖，呈紫红色，肉质多汁；茎上长着碧绿圆柱形的叶子，鲜嫩诱人。它的花开在枝顶，有黄、白、红、紫等多种颜色。半支莲的花和叶都很美，是公园节日装饰的常用品种。半支莲格外喜欢太阳，它常在每天上午10点左右开花，中午阳光最灿烂时开得最鲜艳，到下午阳光稍弱时就会合拢；而在阴雨天，它的花更是紧紧关闭着，真是不见太阳不露脸，所以大家更喜欢叫它"太阳花"。半支莲的另一个绰号则更加出名，那就是"死不了"，因为这种花无论是用种子播种或是折根枝条插在土里，都很容易成活，人们非常佩服它有顽强的生命力，就给它起了这个绰号。半支莲带给人们的不只是美丽，还有它那顽强向上的精神。

朴素可爱的慈姑

慈姑主要分布在沼泽和水田中，它和莲都是挺水植物。慈姑虽没有莲那优美的身姿和清丽的大花瓣，却也长得嫩绿可爱，生机盎然。它在浅水下面的泥土中结着许多胖胖的球茎，在球茎的每一节上还保留着一轮退化的鳞片状的叶子。慈姑的叶子长得非常巧妙，沉在水中的叶片尖细，能够适应水中的生活；挺出水面的叶片像一个大箭头，能够最大限度地接受阳光。它的叶柄很长，里面有发达的通气组织，保证慈姑有充足的氧气进行呼吸。它在夏天开花，高高的花茎挺出水面，白色的小花在花茎上排成几节，像一座白色的小塔，讨人喜爱。慈姑的胖茎可以食用，因为它含有很多糖和淀粉，煮熟后吃起来又甜又香，非常可口。此外，它还有清热解毒的功效呢，可以治毒蛇咬伤或疮疖等病。

真菌养育的蔬菜——茭白

茭白是我国江南水乡特产的一种美味蔬菜。诗人杜甫有诗赞曰："秋菰为黑穗，精凿传白粲。"它白似汉玉，嫩同春笋，所以又有人称其为茭笋。其实，茭白的真正名字叫菰。远在唐代以前，它只是一种粮食作物，为六谷之一。大约在宋元以后，人们发现菰感染上一种黑粉菌后，便不能

茭白

开花结籽了，而原来干瘦细长的茎干变得膨大肥嫩，甘脆味美，于是转而成为众人喜爱的蔬菜。茭白属于禾本科茭白属，是一种多年生的水生草本植物。它的根是须根，上面生有白色的匍匐茎，雌雄同株，花序呈圆锥状。感染茭白的黑粉菌在春季会分泌一种异生长素吲哚乙酸，刺激茭白的花茎，使之不能开花。同时，它的茎节组织也会因受刺激而急剧膨大，大量吸收养分，最后形成一个肥嫩的肉质茎。我国太湖地区盛产茭白，品质优良，天下闻名。茭白极富营养，含蛋白质1.5%，糖类4%，还有各种维生素B、维生素C等，味美鲜嫩，深受人们喜爱。它与莼菜、鲈鱼齐名，是江南三大名菜之一。茭白还是一味传统药物，有祛烦热、止渴、解毒的功用。

东北的一宝——乌拉草

人们常说：东北有三宝，人参、貂皮、乌拉草。这里说说乌拉草。我国东北的气候寒冷，在很久以前，人们找不到合适的材料去保暖脚，在冬天常被冻伤。后来，有人发现乌拉草有神奇的保暖作用，就把它垫进用兽皮缝成的靴子里，柔软、轻便还耐穿，再不用担心脚会被冻伤啦。乌拉草又叫红根草或护腊草，北起大兴安岭，南至辽河流域，都有它的分布。它

乌拉草

喜欢生长在水洼地附近，秆呈三棱形，有几十厘米高，很坚硬；花开于秆顶，像一片片羽毛，随风飘摆；叶子细长柔软，丛生于秆的周围。乌拉草不但是一种优良的牧草，而且可用于盖房顶、织蓑衣、打绳索等，经久耐用，所以经济价值颇高。现在，人们已不再用它取暖防冻了，而是用于制造人造纤维和高级纸张，古老的乌拉草再一次为人类做出了巨大的贡献。

春天的使者——报春花

报春花又名樱草，与龙胆花、杜鹃花一起，并称中国天然"三大名花"。报春花分布在我国西南各省。它生于山野，现在人们在庭院和家中也普遍栽培。由于它恰好在立春前开花，好像在向人们报告春天到来的信息，所以，人们叫它报春花。报春花属于报春花科，是多年生草本植物。它的绿叶有波状分裂，花冠呈漏斗状或高脚碟状，上部形成5个裂片，就像美丽的樱花，所以又有人称之为樱草。在北京，人们还称它为仙鹤莲。目前，培育的报春花园艺品种有很多花色，如红、粉、蓝、紫、白等，色彩缤纷。有趣的是，不同植株的报春花花蕊长短不同，有的是雄蕊长雌蕊短，有的

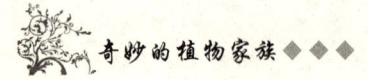

报春花

是雌蕊长雄蕊短。当蜜蜂来到雄蕊长的花中时,身体上就会粘上花粉;而它再来到雌蕊长的花中时,就会把花粉粘在雌蕊上,使报春花能够异花传粉,孕育后代。报春花原产我国,以四川成都种类最多,比较著名的种类有藏报春、邱园报春、四季报春、欧洲报春等。在19世纪20年代由我国广州引种到英国伦敦的藏报春,已形成许多新的品种。其中有一种的花色会随温度而变,在20℃以下,开红色花;高于30℃时,会开白色花,令人叹为观止,是解释遗传和环境相互作用的极好例子。

独立金秋的菊花

"采菊东篱下,悠然见南山。"这是晋代文学家陶渊明所写的一句脍炙人口的名句。而历代赞美菊花的诗篇更是不胜枚举。每当秋风送爽、百花凋零的时候,菊花却昂首怒放,生机勃勃。难怪古人云:"花事至九秋而穷,而菊开,故名鞠。"菊花是一种著名的花卉植物,属于菊科多年生草本植物。菊科的植物种类最多,约有23000种以上,是世界之冠。我们所说的菊花,一般是指秋菊,属于菊属。菊花是由无数朵小花组成的花序。这些

菊 花

小花分为两类：长在外围的是舌状花，即我们称为花瓣的部分，它们大都退化，多属不孕性，但花色鲜艳多样，有吸引昆虫传粉的作用；长在中心的是管状花，即所谓的花蕊，可以正常受孕结实。菊花的果实干瘪瘪的，人们称之为瘦果。菊花极易变异，经过几千年的天然与人工杂交，产生了大约2000～5000个品种。园艺工作者常根据它们花瓣的不同形状进行命名，如龙爪、长矛、秋月、松针等名称。那么菊花为什么不怕冷呢？原来在它的身体中含有浓度很高的糖分，这些糖分不易结冰，所以，在寒冷的季节里，菊花也能生长，成为人们崇拜的对象。菊花还可入药，有清热、解毒、明目的功效。

植物杀虫能手——除虫菊

除虫菊是菊科的多年生草本植物。它的外形很像山上的野菊花，约有40～50厘米高，全身覆盖着茸毛，许多深裂的羽状的绿叶从茎的基部抽出。它在夏天开花，花序呈头状，一圈洁白的花瓣紧紧围绕着中央的黄色花朵，清新飘逸。可千万别把它们当成一般的野花，它们正是令蚊蝇闻风

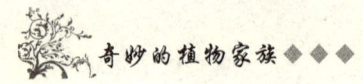

奇妙的植物家族

除虫菊

丧胆的克星，我们日常生活中使用的蚊香就是用它做成的，所以人们称它为"杀虫能手"。原来，在除虫菊的花朵中有一种天然的杀虫物质——除虫菊素，也叫除虫菊酯，是一种无色的油状液体，蚊虫只要一碰上就会神经麻痹，中毒身亡。除虫菊对鱼、蛇、蛙和一些昆虫都有毒杀作用，但对人畜无害，因此使用安全可靠，是非常理想的灭虫剂，难怪人们特别喜欢它们，并大量种植。在中国，最著名的除虫菊生产地区是浙江的平阳县，产量和质量都最高。除虫菊除了用于杀虫之外，还可入药，有除疥疗癣的功效。

植物舞蹈家——舞草

我们知道，动物与植物的最明显区别在于动物会移动，而植物不会移动。可是，在我国西双版纳有一种奇妙的植物，即使在无风的日子里，它的叶片也会迎着太阳翩翩起舞，人们称之为"舞草"。这可以说是植物界中的一大奇观。舞草是豆科植物，为多年生的小灌木。舞草的茎上交互生长

舞　草

着复叶，每片复叶由3片小叶组成，顶端的叶子最大，两侧的叶子非常小。平时，中间的大叶只作摇摆运动，而两侧的小叶可作回转运动，在强烈的阳光下动作幅度更大，宛如舞蹈家轻舒玉臂，又如体操运动员在做精巧的平衡动作，令人叹为观止。那么，舞草为什么会"跳舞"呢？原来在阳光和温度的刺激下，叶柄的叶座细胞内涨压发生变化而引起细胞间断性收缩和舒张，导致了叶片的舞动。科学家们认为这种舞动可以使舞草躲避阳光而降低水分蒸发，同时使侵犯它的动物产生畏惧，避而远之，所以这种"舞蹈"对于舞草的生存有着重要意义。舞草不仅可以观赏，而且可以入药，用于筋络不通，痰火壅盛等症，因此，值得大力开发利用。

伪装巧妙的植物——龟甲草

大家知道，许多动物有着高超的伪装本领，从而保护自己免受伤害。同样，在植物界里，也有许多伪装高手，它们依靠自己惟妙惟肖的"装扮"，蒙骗捕食者的眼睛，使自己能够顺利地生存下来。在非洲南部的荒漠中，有一种奇特的伪装植物，它的外形像个乌龟壳，实际就是它的粗短半圆球形的茎，表面还长着龟甲般的花纹，所以叫它龟甲草。龟甲草是单子叶植物薯蓣科蓣属的植物。在干旱的日子里，它的细枝和叶全部枯死，只有半球形的短茎活着，像只趴在地上的乌龟，从而使许多食草动物大上其当，使自己生存下来。当雨季来临时，在短茎的顶部会发出细长的枝，长着繁茂的叶，并很快开花、结果。龟甲草的这种伪装本领与本书中介绍的生石花类似，只不过龟甲草装成龟甲的形状，而生石花则装成石头的形状。它们的这种特性都是长期适应干旱气候而形成的。

奇妙的冬虫夏草

冬虫夏草是一种奇特的中药材，它的下部像条虫，有头、有脚、有尾巴，身上有环纹，腹部有八对足；它的上部像一棵棒状的小草，从虫的头部抽出。初见到它的人，都不免要问，它到底是怎么回事呢？事实上，它是虫和菌的结合体，是一种菌类植物寄生在昆虫身上产生的。立秋后，一种名叫虫草菌的真菌的子囊孢子成熟散落入土中；在冬天里，如果这种孢子遇上钻入土中来越冬的蝙蝠蛾幼虫，就伸出菌丝进入虫体内。刚开始，

冬虫夏草

它对幼虫的影响不大,因此幼虫能够存活,但到最后,菌核充满虫体,幼虫体内的所有东西都被吸收完,只剩下一个死虫壳。到了第二年春夏之际,从幼虫躯壳的头顶处会抽出一根棒状的子实体,看上去酷似一棵草,因此人们叫它冬虫夏草。6月末7月初,子实体的上部膨大,表面会长出一些小球体,里面隐藏着虫草菌的无数孢子。时机成熟后,里面的孢子再次钻入土中,为下一次侵入蝙蝠蛾的幼虫做好准备。冬虫夏草大多分布在我国西藏和青海的高原上,只有在海拔4000米左右、土壤肥沃的地方才能寻到它的踪迹。冬虫夏草还是一种名贵的中药材,有补精益肾的功效。由于它很稀少,疗效显著,所以价格特别贵。

凌波仙子——水仙

水仙花属于石蒜科水仙属的植物,是一种多年生的草本花卉。它有一个肥大球状的鳞茎,外面包着一层红褐色的薄膜;它的叶子修长碧绿,筷子般长短的花茎从叶丛中抽出;它的花多为黄白或晕红色,有单瓣和重瓣之分。在单瓣水仙中,有一种是在纯白的花被中托出一个金黄色的杯状副

水 仙

冠,十分好看,人们叫它为"金盏玉台"。水仙通常在 1~2 月开花,这时恰逢大雪隆冬,百花凋零,它的开放,无疑给寒冷单调的冬天带来一丝春的气息。水仙的姿容淡雅端庄,清秀俊逸;气味幽香馥郁,沁人心脾,难怪人们赞誉它为"凌波仙子"。水仙花是用球茎繁殖的,喜欢在肥沃的土壤中生长。它性喜潮湿温暖的气候,所以在栽培时要经常浇水,保持温度温暖恒定。中国市场上以漳州水仙最为著名,该地的水仙花在香味、数量和开花期长短方面都是首屈一指。水仙不仅是名贵的观赏花卉,而且具有较高的经济价值。从它的花中可以提取高级芳香油,球茎可以入药,有治疗红肿热痛、痈疖疔毒的功效。由此看来,水仙花带给人类的不仅是清秀的"面容",而且还有它朴实无私的"奉献"。

冰清玉洁的玉兰

玉兰又叫白玉兰或应春花,属于木兰科木兰属。玉兰是一种落叶乔木,通常有十多米高。玉兰在春天开花,此时,它的叶子还未长出,在光秃秃的树枝上铺满了千千万万朵洁白的玉兰花。玉兰花很大,洁白如玉,香似

玉兰花

兰花，所以人们叫它玉兰。每年盛开时节，满树晶莹剔透，冰清玉洁，远远望去，如冰雪雕就，令人流连忘返。玉兰的故乡在中国，最初生长在我国中部及东南部一带，现在，它已成为国内外园林中常见的树种。玉兰是名贵的花木，早在2000多年前就已经开始人工栽培，现在，最古老的一株玉兰在南岳藏经殿前，据说有500年以上的历史。玉兰除有观赏价值外，其花还可以吃呢，放在嘴里咀嚼，满口清香；或者裹面下油锅炸，则美味可口；或用糖或蜜渍，味道也很好；它的花还可以提取香精呢。玉兰的种子可以榨油，树皮、花蕾可以入药，树干可以做家具。它的好处可真不少啊！

长有铁锚的植物——菱

菱是一种水生植物。它有两种叶片，一种是躲在水中的沉水叶，分裂成细丝状；另一种是聚生于茎顶的漂浮叶，长得四四方方。漂浮叶的叶柄膨大，里面长有很大的海绵质的气囊，使得叶片漂浮在水面上。菱在夏天开花，花从叶腋下长出，伸出水面，仅过几小时就又会沉入水底。当菱全部凋落的时候，水底下就结出了果实——菱角。菱角呈三角形，长有两个刺状角，活像一个铁锚，十分有趣。植物学家认为，菱角长角有两个好处：第一，长角可以保护果实，不让动物吃掉；这些坚硬的刺角，不仅鱼类和鸭子，就连厉害的水老鼠也不敢去碰它们。第二，菱角能起到铁锚的作用，把刚出生的幼苗固定在合适的地方，不会被水冲走。菱角的果肉雪白脆嫩，煮熟后又粉又甜，味道挺好。

朵朵葵花向太阳

向日葵属于菊科，是我们既熟悉又喜爱的一种植物。它的老家在墨西哥和秘鲁，现在许多国家都有它的踪迹。向日葵有一根高高的主干，上面长着许多宽大的叶子，叶柄很长，浑身上下都长满了粗糙的刚毛。主干顶上长着一个大脑袋似的花盘，植物学家叫它为头状花序。花序下部有由许多绿色苞片组成的总苞，花盘周围排列的是金黄色的舌状花，它们不能结

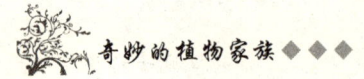

葵花子

果实，但色彩鲜艳，能够吸引昆虫。在舌状花的里面，紧紧排列着像管子一样的筒状花，它们是两性花，能够传粉、结果实，葵花子就是由这种花结实而来的。葵花对太阳非常依恋。清晨，它面向东方，迎接太阳的升起；

向日葵

傍晚,它又面向西方,和夕阳告别。科学家们把这种运动称之为生长性运动。原来,在向日葵中有一种奇妙的生长素,它不喜欢见到阳光,常躲在花盘后面,使背光面生长快,而向阳面由于缺乏生长素长得就慢。于是,向日葵的花盘就向着太阳垂下了头,而且,随着太阳的移动,生长素也不停地变换位置,结果,向日葵的花盘就总跟着太阳转动了。向日葵是一种重要的油料作物,此外,由于它含蜜量丰富,所以也是一种宝贵的蜜源植物。

水上花王——王莲

在南美洲的亚马逊河流域,生长着一种世界闻名的莲花——王莲。它的叶子四边往上卷,像只大平底锅,直径有2米多,比家里的圆台面还大。在王莲叶上,即使站上一个35千克重的孩子,它还会稳稳地浮在水上;就是在它的叶面上平铺一层75千克的沙子,叶子也不会下沉,所以人们称它是"水上花王"。王莲叶片对着太阳的一面呈淡绿色,非常光滑;而面朝水底的一面却是土红色的,密布着粗壮的叶脉和很长的尖刺。这些尖刺是它的防身"武器",可防止水中的小动物爬上叶面去啃嚼。王莲花的样子同睡

王 莲

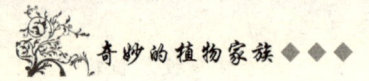

莲花差不多,但要大得多,花瓣边缘洁白如玉,中间鲜红,发出阵阵的清香。王莲是水面开花水下结实,每个莲蓬内含有二三百粒莲子,大小如同玉米粒,还可以磨出淀粉当粮食吃,可与玉米媲美。因此,它又有"水中玉米"的美誉。我国的北京和杭州都已引进这种花,我们在国内也能领略到它的风姿了。

神奇的跳豆

如果你漫步在墨西哥的街头,会发现小商贩们向人们出售一种会跳的豆子。起初,你或许不相信,但亲眼目睹了它的跳动后,你会变得更加惊讶。它怎么会跳呢?原来,这种会跳的豆是大戟科几种热带植物的种子,在它内部隐藏着一条又肥又大的虫子,属于卷叶蛾科一种小蛾的幼虫。当这种幼虫的最后一对腹足抓住豆子的内壁迅速向上躬身时,豆子的重心就上移,于是豆子就跳起来。说到这儿,你不禁会问,它是怎样钻进去的呢?原来在植物开花时,母蛾就已将卵产在子房中了。随着果实的发育,虫卵也孵化成幼虫并以果实为食。如果你将种子的外壳挖个小洞去探访幼虫,幼虫会毫不客气地吐出丝样的东西将洞口堵上,豆子又是完整无缺的了。跳豆对温度很敏感,气温越暖和,它跳得越高。大约跳了2个月后,跳豆变得老实起来,因为它里面的幼虫要结茧化蛹了。再过3~4个月,一只飞蛾会从跳豆中钻出飞走,而跳豆也就成为一个空壳了。

沙漠中的活水壶——旅人蕉

在非洲的马达加斯加共和国,有一种能供应凉水的树,名字叫旅人蕉。旅人蕉属于芭蕉科,是一种草本植物。它"身材魁梧",高20米左右,茎干上密布芭蕉形状的叶子,列成两行,叶片长达3~4米。叶子张开时,像一把展开的巨型折扇,又如孔雀开屏之势。它的叶柄基部像个大汤匙似的,能贮存大量的清凉水分。在热带酷热的阳光下旅行的人们,如果口渴了,只要在它的叶柄上划个小口,便会流下清凉可口的液汁,饮后顿觉清爽宜

旅人蕉

人。因此，人们亲切地称呼它为"旅人蕉"，还有人叫它"水木"。旅人蕉的"心肠"特别好，它的叶柄被旅行者划开之后，刀口过一天就能愈合，再过一天它又可慷慨地为人们提供饮料了。旅人蕉的果实像黄瓜，可以食用；叶子可搭凉棚，盖房子，甚至能缝成衣服。它的树形美丽，可供人们欣赏。我国的海南岛和广州等地均有引种，它已成为热带、亚热带地区广泛栽培的植物了。

草原上的流浪汉——风滚草

在秋风送爽的日子里，如果你来到辽阔的东北大草原上做客，就会常常看见一个个草球在草原上滚来滚去，这便是被人们称为草原"流浪汉"的风滚草。风滚草是草原上特有的一种植物类型，包括防风、猪毛菜、分叉蓼等十几种植物。随着秋天的来临，它们的枝条开始向内弯曲，但不脱落，卷成一个大圆球。同时，茎的基部开始变脆，经不起风吹或碰撞，很容易从根部折断，于是圆球状的地上部分就借着风力在草原上打起滚来。人们根据这个特点，给它起了一个很形象的名字——风滚草。风滚草非常喜欢"流浪"，即使在冬天里，只要它未被冰雪覆盖，

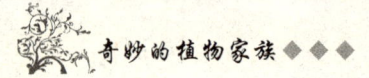

风滚草

照样要坚持"旅行"。而风则是它所搭乘的交通工具,它们随风滚动,到处播种它们的种子,这些种子常常在远离它们故乡几十里的地方安家落户。所以,风滚草的长途跋涉,是它撒播种子的过程,是对草原生活的一种适应。

懂得翻身的长生草

也许,我们都见过四脚朝天的甲虫挣扎翻身的过程。首先,它用硬鞘翅支着地面,撑起身子,慢慢地翻过身来;如果它抓住附近的什么东西,如一株小草,翻身则更加容易了。说来也怪,有一种植物也会用类似的方法翻身,它就是长生草。长生草通常生长在沙岩的斜坡上和松树林里。它的外形像"莲座",很少开花,通常靠在新茎上长出小"莲座"的方式来繁殖后代。小"莲座"长到一定程度,受到风吹雨打,或别的东西的碰撞,便脱落在地,当然也有自然脱落的。滚落下的小"莲座",有底部朝下的,也有侧着的和底部朝天的。如果小"莲座"底部朝下,它就会顺利长成新的植株;如果小"莲座"是侧着的,它与地面接触的那一部分叶子就迅速生长，起到像甲虫鞘翅那样的作用，使"莲座"转到正常的位置；如果小"莲座"是底部朝天，它的底部就会很快长出一条根并扎进土壤里，拉着"莲座"慢慢翻过身来，酷似甲虫抓住小草时翻身的情景。要是不巧的话，有的小"莲座"长出几条根，分别向着不同方向拉，且拉力相等，则小"莲座"就无法翻身了，只能坐以待毙。

褒贬不一的水葫芦

水葫芦是一种非常美丽的水生植物。它的叶片肉质肥厚，叶柄中部膨大如葫芦状，里面有海绵组织，藏有大量空气。因此，水葫芦能在水面上轻轻地漂浮起来。水葫芦的花朵呈蓝紫色，中央有鲜黄色的斑点，犹如"凤眼"，所以又有人将它称为"凤眼莲"。水葫芦原产南美洲的热带水域，从19世纪末起，相继被引种到北美洲、亚洲和非洲。由于它具有极强的无性繁殖本领，致使许多国家的河道堵塞，航运受阻，蚊蝇大量滋生，疾病严重流行，所以许多人憎恨它并称之为"水上恶鬼"。但水葫芦也有它好的一面：它体内的蛋白质等营养物质含量非常高，可以用来制作动物的饲料；

水葫芦

它水中的根又密又长，可以吸收许多重金属元素，能够用来清洁污水，改善环境；此外，它还是一种很好的造纸原料。虽然人们对水葫芦有批评，也有赞扬，但是随着科学的进步和人们对它认识的加深，水葫芦更多的用途将被发现。

有生命的石头——生石花

在非洲南部和西南部的热带沙漠中，生长着一种叫做生石花的植物。生石花肉质多汁，几乎长得和石块一模一样。它的形状呈椭圆形，颜色有灰棕色、灰绿色等，再加上天然的色泽、纹理和斑点，使它们酷似一块块半埋土中的小石头。与真石头混杂在一起，会让人分不清哪些是真石块，哪些是假石块，就连一些食草动物也不免上当受骗，错过它们，所以人们形象地称之为"有生命的石头"。生石花虽然伪装得巧妙，但也有暴露"身份"的时候。生长到一定时期，它就会开放出金黄色的花朵，形状很像野菊花，美丽动人，只是花期太短暂，只能维持一天。

生石花

在生石花开放的日子里,整个沙漠都穿上了一件"大花衣",漂亮极了。生石花的身体里贮藏着大量的液汁,这同它的体形一样,都是长期适应干旱环境的结果。

月下仙子——昙花

昙花又名琼花,原产于中美洲墨西哥和危地马拉一带,现已成为全球性广泛栽培的观赏植物。昙花和仙人掌是同一家族的成员。它全身上下一片绿色,没有一片叶子,只有杆状茎和叶状变态茎。杆状茎直立,分支出叶枝茎。在茎的外面还包着一层薄蜡,避免水分蒸发太快。昙花初开时,下垂的花蕾抬起了头,紫绛色的外衣徐徐打开,然后露出洁白无瑕的大花。在月光下,花蕊和花瓣还在微微地颤动,令人心旷神怡。昙花从开放到凋谢只有4~5个小时,故有"昙花一现"的说法,现在常用它比喻某些事物一出现就很快消失。为什么昙花要选择晚上开放,而且开花的时间又那么短呢?原来这是它长期适应沙漠干旱环境的结果,只有这样,娇嫩的花朵才不易被强烈阳光晒焦。昙花不仅花容秀美,而且可以入药呢,可治疗肺疾和心脏病等,有资料报道它对癌症还有一定作用。

昙　花

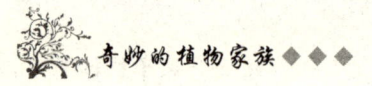
奇妙的植物家族

冰山奇葩——雪莲

我国新疆境内的天山山脉和西藏境内的喜马拉雅山脉,在400米以上为终年积雪地带,在这里生长着一种珍奇的植物——雪莲。它们不怕狂风暴雪,竞相开放,朵朵美丽的紫红色鲜花给皑皑雪山带来了生机。雪莲是菊科风毛菊属的多年生草本植物。它的地下根粗壮而坚韧,深深地扎在地下,任凭风吹雪打,毫不动摇。结实的茎上密生着革质的羽状叶子,茎顶是由十多张淡黄绿色的大苞叶包围着的紫红色鲜花,看上去犹如盛开的莲花,故名雪莲。雪莲全身都长着密密层层的白色棉毛,甚至在花苞上也密生着茸毛,好像穿了一件"棉大衣"。这件"棉大衣"既能阻挡高山辐射光线的侵害,又保证了它能够抵御寒冷,从而生长、发育和繁殖后代。雪莲花是珍贵的药用植物,一般在夏季初开时采收。雪莲具有活血通经、散寒除湿等功效。目前,它已被列为国家三级保护植物。雪莲不畏严寒,不嫌贫瘠,难怪人们深深喜爱它,并把它喻为傲冰斗雪的"英雄"。

雪 莲

药用植物之王——人参

人参有大补元气、养血安神、生津止咳的神奇功效，历来被人们尊为"中药之王"。在许多神话故事中，人参是神奇力量的化身，如在长白山地区广为流传的"人参娃娃"和"人参姑娘"的传说。现代研究证明，人参含有大量的皂苷、人参酸、甾醇类、氨基酸类等物质，能够增强人体机能，促进新陈代谢，具有很高的医疗作用；但有些人夸大了它的功能，说它能够起死回生，这是不切实际的。人参是五加科人参属的植物，为多年生草本植物。它有四五十厘米高，叶为掌状复叶，伞形花序，花白色，果实为红色浆

人　参

果，在草丛中鲜艳动人。人参分为山参与园参，以山参最为名贵。在北京人民大会堂中陈列有一株400克多重的大山参，为我国的"国宝"。人参的家乡在我国的长白山、小兴安岭的东南部、辽宁东部山区，朝鲜和俄罗斯的东部地区也有。人参的果实和根都可药用。它的根上部是一个像人体那样的大主根，下面有两个像人腿那样的侧根，整株参形就像一个人似的，所以大家就叫它人参。

花中的变色能手——木芙蓉

人们都知道在动物世界中，变色龙有着非凡的变色本领。可是，人们未必知道在植物王国中也潜藏着许多变色高手，木芙蓉便是它们中最出色

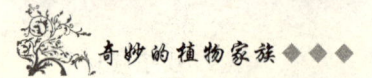

木芙蓉

的代表。木芙蓉是一种非常美丽的观赏花卉，也叫木莲或拒霜花。它分布在我国的大部分地区，尤以四川成都为最多，所以人们称这个城市为蓉城。木芙蓉和棉花是一个大家庭的成员，但比棉花高大，它的叶子和棉花叶也有些相像。每年10月，木芙蓉便绽放出茶杯那么大的花朵，鲜艳夺目。奇妙的是，一般的木芙蓉初开时为白色或淡红色，后来渐渐变为深红色。更奇的是，三醉木芙蓉的花色可一日三变，清晨刚绽开的花为白色，中午变成淡红色，到了晚上又变成深红色。还有一种弄木芙蓉则是变色花中的冠军，它的花朵第一天是白色，第二天变成浅红色，第三天变成黄色，第四天变成深红色，最后凋谢时又变成了紫色。这种神奇的本领常使我们感到迷惑不解，但经过科学家们的解释，就很容易明白它的道理。原来这是木芙蓉花中的各种色素捣的鬼，它们可随着温度和酸碱度的变化而改变其颜色。

天下第一香——茉莉

茉莉花白色重瓣，香味浓烈，清新怡人，自古以来便是人们喜爱的花卉。曾有古诗赞曰："玉骨冰肌耐暑天，移根远自过江船。山塘日日花城

茉莉花

市，园客家家雪满田。"茉莉是一种常绿灌木，个头矮小，枝丫繁茂，小枝细长有棱，长有短绒毛。叶片椭圆形，表面十分光亮，左右对称地长在小枝两边，四季长青。它在夏天开花，小巧玲珑的花朵洁白如玉，纯净无瑕，同时会有一阵阵异常清新浓烈的花香扑鼻而来，令人精神振奋，所以有许多人称赞它是"天下第一香"。茉莉从初夏一直能开到晚秋，花色洁白素雅，风姿楚楚，香味浓而持久，深受人们的宠爱。它还是印度尼西亚和菲律宾的国花。茉莉喜好潮湿炎热的气候，不耐干旱寒冷，因此，多分布在热带、亚热带地区。从茉莉花中能提炼出很香的茉莉油，可以制造高级香水和香皂。它的花也可熏茶制茉莉花茶；叶可入药，有清热解毒、消肿止痛的功效。

维 C 果王——刺梨

刺梨又叫缫丝花，是蔷薇科的一种落叶灌木。它身高约 2.5 米，全身长满了成对的皮刺。一片大叶上长有 9~15 枚小叶，小叶呈椭圆形，边缘有细锐锯齿。花 1~2 朵生于短枝上，淡红色或粉色，微有芳香。刺梨的果实呈

刺梨

金黄色,往往带点绿色,也有呈褐红色的;上面遍布软刺,有特殊香味,故名刺梨。在所有的水果中,刺梨所含的维生素 C 最高,可达到 2000～2700 毫克/100 克,是名副其实的维 C 果王。另外,它富含维生素 D 和维生素 P,据测定,维生素 D 含量为 2800 毫克/100 克,维生素 P 的含量为 5900～12000 毫克/100 克,这在所有的水果中是无与伦比的。刺梨果营养丰富,可直接鲜食,也可制成果酱、果脯、果酒等。科学家们发现,刺梨鲜果有降低血液中的胆固醇和甘油三酯的作用,可以预防动脉硬化。此外,它的花朵蜜粉丰富,蜜蜂爱采,是一种重要的蜜源植物。它的根、茎可提取栲胶;根和根皮均含鞣质,有健脾、收敛、止泻的作用。刺梨是南方各省常见的果木,多分布于溪边、路旁、灌丛中。

为臭椿平反

臭椿的名字虽不好听,但却是一种品质优良的树木。它是一种落叶乔木,大叶似羽毛,上面着生对称的小叶;叶子边缘常有 1～2 对大锯齿,每个锯齿的尖端长有一个很臭的大腺点,揉搓后便会放出臭味。圆锥状的花序顶生,花色白中有绿。果实成熟时黄褐色,长着扁扁长长的翅膀。臭椿抗寒能力强，即使是零下35℃的低温它也不在乎；它不择土壤，耐旱耐瘠，抗盐碱，即使在别的树木不能生长的地方，它也能长得生机勃勃；它的叶片能吸收空气中的各种有毒气体，对可怕的黑粉粉尘也有特殊抵抗力，适宜作城市工矿区的绿化树种。臭椿生长快，幼树只需10多年便可成材。它的木材轻韧而有弹性，耐湿防腐，是制造家具、农具的良好材料。此外，臭椿还是很好的造纸用

臭　椿

材；种子可榨油，供食用或点灯用；叶子可养蚕；树皮可提制栲胶；根、皮、叶、果实均可入药。臭椿的味虽然不好闻，但它的用途实在是太多了，所以是对人类极为有用的一种树木。

中国的鸽子树——珙桐

珙桐分布在我国南方的川西高原、湖北西部和四川西南部。珙桐又叫鸽子树，是一种落叶乔木，树干笔直平滑，高可达20米，其叶片很大，为阔卵形，边缘有许多锯齿，叶片形状很像桑叶。它的头状花序近似球形，上面聚集着许多小花，通常被两个白色的苞片所遮蔽，隐隐显出紫色的花蕊。这些被人赞赏的像鸽子翅膀似的美丽花瓣，其实就是花的苞片，颜色雪白，十分美丽。全树花朵盛开时，如同一大群鸽子栖息在树上。珙桐是一种特别珍贵的植物，是植物界中著名的"活化石"。早在两三万年前，第四纪冰川时期过后，地球上的许多树种因为气候的变异而绝灭了，在我国南方一些地区，由于地形复杂，在局部地区保留下来一些古老的植物，珙桐就是其中之一。现在在湖北的神农架、贵州的梵净山、四川的峨眉山、

湖南的张家界和天平山及云南西北部,可以看到零星的天然林木。为保护这一古老的树种,珙桐已被列为国家一类保护树种,并把分布区划为国家自然保护区。经过人工引种栽培,鸽子树现已在许多国家的城市公园里安家落户,供人观赏。珙桐已成为世界人民最喜欢的、美丽、珍贵的树种了。

独木成林的榕树

榕树生活在高温多雨的热带、亚热带地区,在我国南方,是当地人很好的乘凉遮荫树木。榕树是一种能独木成林的常绿植物。它的树干又高又粗,上面长了许许多多的不定根。刚长出的不定根还没有手指粗,可是它们越长越大,最后一直插到泥土中。不定根遇着土壤后,能从土壤中吸收水分和养料,很快就长得又粗又壮,形成了新的树干。这些树干成百上千,共同支撑着巨大的树冠,所以人们也叫它支持根。一棵几百年的榕树,往往都有几千根树干支撑着繁茂的树冠,远远望去,就像一大片森林。据说孟加拉国有一棵900多岁的老榕树,树下能容纳下六七千人的军队宿营还宽

榕　树

敞有余呢。在广东省新会县,有一株300多岁的大榕树,树上栖息着成千上万只鸟,是名副其实的"鸟的天堂"。榕树的用途很广,是很好的蔽荫防风树种,在绿化环境和美化人民的生活方面,也作出了很大的贡献。

趣谈无花果

无花果属桑科榕属的落叶灌木或小乔木。盆栽的无花果一般都很矮小,野生的无花果则可长成六七米高的大树。它的叶片很大,形状像手掌,果实成熟前呈绿色,成熟后则变成黄色或红色。无花果最神奇的地方是从来不见它开花就能果实累累,那么,它是不是真的不开花呢?其实,无花果不但有花,而且花多得不可计数,这些花都生长在一个肉质肥厚、向内凹入而成囊状的花序轴上。所谓的花序轴,就是无花果可食的肉质那部分,由于它向内凹入,结果把花也带入

无花果树

果实的内部,从外表上看当然没有花了。无花果的果实是中空的,在空腔的边缘生有许多极小的花朵,雄花在上部,雌花在下部。由于雄花和雌花分居两地,同时外面又包着大肉球,使花粉传播变得很困难。请不用担心,无花果的果实顶端有个小孔,有一种叫小山峰的昆虫喜欢在无花果中产卵,从这个小孔钻进钻出,无形中就起了传播花粉的作用,这可帮了无花果的大忙啦。

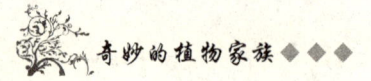

沙漠中的骆驼刺

骆驼刺是沙漠和戈壁滩上常见的一种植物。它属于豆科的一种半灌木，高60~130厘米，长有许多分支，茎枝灰绿色，上面长着一些尖刺，叶长卵形，质硬，互生，表面绿色，背面灰白色，叶腋有更长的硬刺。花数朵生于叶腋的刺上，花冠蝶形，红色。荚果的形状有些像和尚们手里拿的念珠，弯曲，不开裂；种子圆形，棕黑色。骆驼刺不怕沙埋，它的根又深又广，虽然地上部分不高，但根可深达5~6米。它的茎干机械组织发达，既不怕干旱，不又不怕风吹，也不怕暴露；而且它的根和茎的下部、上部直至叶片上都可产生不定芽、不定根，因此不怕流沙覆盖。所有的这些特点，使得骆驼刺能在环境恶劣的沙漠中站稳脚跟，茁壮成长。它还是一种蜜源植物呢，每年的七八月份是它花开的时候。到时，成群结队的蜜蜂就会前来采蜜。这种蜜颜色洁白，质地优良。骆驼刺的叶子在夏天能分泌出发黏的黄白色糖汁，并凝结为小颗粒，俗称刺糖，有滋补强壮、涩肠止痛之效。另外，它的种子可榨油，

骆驼刺

枝叶可作为骆驼饲料。

抗旱固沙的先锋——沙拐枣

在我国西北沙漠地区，有一种优良的防沙抗旱植物，大家都叫它沙拐枣。它是蓼科的一种灌木植物。它的主干和枝条上长着许多关节，节与节之间距离 1~3 厘米；它的叶呈条形，已经退化，靠枝条进行光合作用，制

沙漠里的沙拐枣

造所需食物；花小，呈淡红色，2~3 朵生于叶腋；果实椭圆形，有密生分叉的刺毛，富有弹性，能随大风在沙地上滚来滚去，到很远的地方安家。沙拐枣的主根不太长，常深入地下 1~2 米，但侧根很多，能在地面下横走 20~30 米远，因此能够吸收到大量的水分，使它不怕干旱。强大的根系又使得它有非凡的固沙能力。沙拐枣还不怕沙埋，当黄沙盖住它时，它能生出生命力极强的不定根。虽然地表仅露出一层嫩枝条，但由于强大的不定根的作用，沙拐枣仍能顽强地生长；而众多的不定根也对流沙起到了稳固的作用。因此人们盛赞它是防沙抗旱的先锋。沙拐枣在七八月份开花，蜜粉较为丰富，蜜蜂爱采，因此又是一种有前途的蜜源植物。

沙漠英雄——梭梭

梭梭是一个古老的树种,在我国,它主要分布在新疆的准噶尔盆地。梭梭生在沙漠,长在沙漠,不怕风吹日晒,抗干旱,抗盐碱,给荒漠带来生命的绿意,被人们赞誉为"沙漠英雄"。梭梭又叫梭梭柴、盐木、是藜科的一种灌木植物。它身高2~5米,黄绿色的枝条显得细弱,上面长有关节;嫩枝多汁,渗透压高,抗脱水;叶退化成小的鳞片状三角形,靠绿色小枝进行光合作用,而且在夏天,有些嫩枝会自动脱落以减少蒸腾作用。它在六七月份开花,花单生于叶腋,形小,呈淡黄绿色。果实圆形,顶部稍凹,果皮黄褐色。种子横生,呈螺旋状。梭梭树是沙漠中分布最广、经济价值最高的树木。它的木材质地坚硬,耐火烧,不留灰,素有沙漠"活煤"的美誉;嫩枝是骆驼爱吃的上等饲料;枝干富含碳酸钾,可提取出来作为工业原料;花朵含有丰富的蜜粉,是一种开发潜力很大的蜜源植物。

闻名北方的泡桐

泡桐是玄参科的一种落叶乔木,主要分布于我国长江流域,现北方多栽种。泡桐一般身高4~10米,最高可达30米,树干通直,树皮灰褐色,树冠浑圆如大伞盖。它有先开花后长叶的习惯,春天刚到时,在一根根光秃秃的枝条上,长出圆锥形的大花序,上面开满了浅紫色的大花朵,好像许多挂在树上的小喇叭。泡桐的叶呈宽卵形,表面绿色有光泽,背面有灰黄色或

泡桐树

灰色星状毛。泡桐是一种速生树种，从一棵小苗到长成10米多高的大树只需七八年的时间。它还是著名的空气"清洁工"，能够吸附空气中的灰尘，起到净化空气的作用。泡桐木材质地轻软，纹理顺直，是做家具、乐器的好材料，而且经久耐用。它的花含蜜丰富，酿出的泡桐蜜呈琥珀色，半透明，气味芳香，所以又是一种重要的蜜源植物。泡桐的根皮可入药，治疗跌打损伤。

浑身带刺的仙人掌

仙人掌类植物都属于仙人掌科，大多数是多年生的。目前世界上已知的种类约有1600种，主要分布在美洲的巴西、阿根廷、墨西哥等热带、亚热带地区。其中，墨西哥拥有1100种左右，号称仙人掌的故乡。仙人掌的老家在热带、亚热带的沙漠地区，为了适应这种干旱环境，它的叶片就逐渐退化，天长日久，变换了形状，就成了针刺，成了一种奇特的植物。仙人掌不仅茎肉肥厚多汁，还有发达的薄壁组织，用来贮藏水分。茎秆表面覆有厚厚的角质层，表皮气孔少，晚上开放，白天关闭，目的是降低蒸腾

仙人掌

作用，保留水分。仙人掌的茎秆都变成了绿色，可以代替叶子进行光合作用，制造食物。它的根系发达，吸水能力很强，一旦有水，仙人掌就大量贮备。你相信吗，一棵巨大的仙人掌，体内能贮藏一吨以上的水分。在我国，仙人掌是一种观赏植物；而在它们的故乡，仙人掌还是相当重要的经济植物。大多数种类的仙人掌可以食用，被用作蔬菜和水果；某些高大的仙人掌类植物，干枯以后还可用作盖房和制作轻便家具的材料。仙人掌还可入药，我国人民认为它有清热解毒的作用，国外则有其治疗癌症的报道。仙人掌真是一种奇妙的植物啊！

无影的林中仙女——杏仁桉

在澳大利亚，如果想歇凉，千万别进入杏仁桉树林里，因为林中几乎没有一点庇荫之处，仍然日光高照。这是怎么回事呢？原来杏仁桉的叶子全部集中在树顶，树干的下部和中部没有一片叶子。最重要的是，它们的叶子在空中的方向与众不同，叶面并不冲着太阳，而是"羞涩"地以侧面对着太阳，叶面正好与太阳光照射的方向平行，当然它们挡不住阳光了，所以，杏仁桉下没有阴影，树林里依旧阳光普照。人们形象地称它为"无影的森林"。杏仁桉的叶子是与环境相适应的，这样可以避免阳光的灼烤，大大减少水分的蒸腾。杏仁桉是一种速生树种，通常10年就能成材。它经常长到100米以上，树干笔直潇洒、亭亭玉立，人们又送给它一个雅称——林中仙女。美丽的杏仁桉还是一种优质木材。另外，从桉树中还可提炼出大量的鞣质，从叶中提取出桉叶油，在化学工业和医药工业上应用广泛。曾有人统计过，最高的杏仁桉可达155米，这也是世界上最高的树。

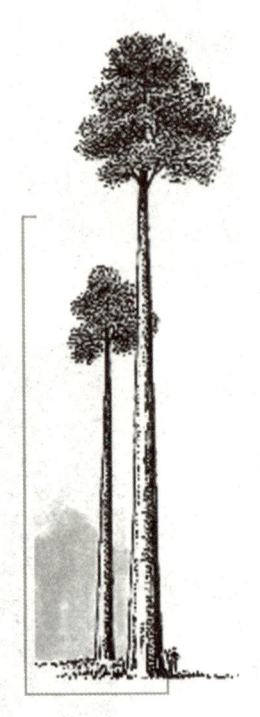

杏仁桉

佛教圣树——菩提

菩提是树木中的珍品。它原产印度，又有印度波树、思维树、毕钵罗树等雅名。菩提树在我国主要分布在广东、云南两省。"菩提"两字出于梵文 Bodhi，是正觉的意思。相传释迦牟尼在佛佗伽耶地方的一株菩提树下成

菩提树

佛。因此，人们一向把它看作佛教圣树。最早传入我国的菩提树是在梁武帝天监元年，由僧人智药三藏种植在广州制止寺。菩提是一种常绿乔木，树姿雄伟，全身上下很光滑。它的叶片圆圆的，在先端部分拖出一根很长很细的长尾巴，也叫滴水尖。因为在热带雨林中，当雨季来临时，无数像雾气一样的极小水珠落在叶片上，越积越多，但由于有了滴水尖，叶面上的水很容易沿着这根长尾巴滴落下去，使叶片上的水不会积得太多。菩提树的花很像无花果，也是一个个的小圆球，里面隐藏着成千上万朵小花，如果不把圆球掰开，根本就没办法看见。菩提树的实用价值也不少：它的气生根可作为大象的饲料；它的花是一种发汗、解热的药物；其质地坚硬，可用来制作各种器具；现代则用它树干的乳汁提制硬性树胶。

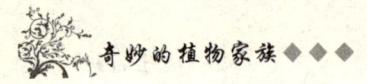

寄人情思的红豆

"红豆生南国,春来发几枝;愿君多采撷,此物最相思。"这是唐代著名诗人王维对红豆发自内心深处的赞美。这首诗千百年来广为流传,深受人们的喜爱。我国南方产的红豆种类众多,目前已经知道的就有20多种,其中,比较著名的便是红豆树、相思子、花梨木这三种树木所结的红色种子,年轻人常把它送给自己的心上人,来表达自己的真情爱意。人们还常常把它们做成装饰品,点缀着人们的生活。红豆树是一种高大的乔木,叶呈长卵形,荚果木质、扁平;生在河旁或林边,主要分布于我国的陕西、江苏、湖北、四川等省;木材坚硬且有斑纹,可作雕刻材料。

绿叶长存的百岁兰

我们知道,很多植物的叶子,到秋冬季节便纷纷凋落。有些常绿植物,如松树、万年青等,表面看来似乎永不落叶,四季常青,其实也要换叶子,只不过不是一下子凋谢,而是轮班衰老,分批脱落,有落有生。可百岁兰却不同,它的叶子和植物的生命一样长,同生共死,两片叶子长出后再也不会更换新叶,通常可存在100多年。百岁兰有一根直径1米多的粗大茎干,但茎干只有20厘米高,再加上两边硕大的巨叶遮盖在茎干周围,所以远远望去,它就像贴地而生的植物。百岁兰生长在西南非洲靠近海岸的沙漠中,土名叫"纳多门巴"。它年年开花,岁岁结籽。种子的外面生有"翅膀",可随风飘散,到处安家。那么百岁兰这么大的叶子,在干旱的沙漠

百岁兰

中是如何生存和适应的呢？原来百岁兰生长的沙漠靠近海边，因而海雾浓重，所以它能利用雾气形成的露水；另外，它的根又直又深，能够吸收到地下的水分，所以它并无缺水之感，一年四季常绿不凋。百岁兰的叶子是所有植物叶子中寿命最长的一种。它不仅是一种奇异植物，也是远古时代留下的一种"活化石"，因而珍贵至极。

岸边卫士——木麻黄

木麻黄是广东、福建沿海地区常见的防风林。它原产澳洲和太平洋群岛等地，由于速生、耐旱、抗风沙和适生于海岸沙地，因而为热带和亚热带地区海岸地带竞相引种。木麻黄是一种高大的乔木，一般可以长到20米高。这种树远看颇有马尾松的风姿，它的枝顶有一束束灰绿色纤细的小枝，形状像松针；而枝上真正的叶子，却缩在节上退化成为尖尖的鳞片了。由于它枝叶的形态略像著名的药用植物——麻黄，又是高大的木本植物，人们称之为木麻黄。木麻黄是喜光的树种，在炎热的气候条件下生长良好。它耐盐碱和潮湿的环境，根系有强大的固沙作用，抗风力很强，八九级大风不会影响它的生长，所以，是热带海岸固沙造林的良好树种。除了木麻黄的人造林，在印尼爪哇岛上还有许多天然林。它们宛如绿色的长城，有效地制止了风沙的侵袭。

生长最快与最慢的树

在植物王国中，生长迅速的树木很多，常见的有杨树、轻木、桉树、柳树等植物。从横向生长来看，长得最快的是泡桐树，7年生的泡桐树干直径可达半米。从纵向生长来看，许多树木都不服输，各有千秋。例如，团花树一年能长高3.5米，杏仁桉树一年能长高4米，轻木一年能长高5米，而新几内亚有一种桉树，一年内能长高9米，真可谓"长高冠军"。下面再谈谈长得最慢的树——北极的云杉，这种植物长了上百年才有20多厘米高，树径有2厘米多一点，是有名的"慢性子"。在斯里兰卡也有一种生长极慢的植物——赛飒树,它一年只长一片叶子,结出一个果实,数一数它身上的树叶,便可知道它的年龄。这种树长得实在是太慢了,需经过500年才能成材。

一年能长高3.5米的团花树

种子最大的植物——复椰子树

复椰子树,也叫塞舌耳棕榈,产于非洲东部印度洋中塞舌耳群岛上。它的果实平均重量为15千克,最重的达25千克。果实的外壳是一层海绵状纤维质,必须先剥去这层外壳,才能获得坚果。坚果长约50厘米,直径30厘米,是世界上最大的种子。论高度,复椰子树与大白桦树差不多,可是复椰子的果实即使剥去外壳,也有15千克重;而200万颗白桦树的翅果,总共只不过1千克重。也就是说,复椰子树的种子要比白桦树的种子重3000万倍呢。虽然复椰子的大果实挺适合于漂浮,却跟椰子不一样,不能在海水浸润的沙滩上生长,所以复椰子树只能留在自己的故乡——塞舌耳群岛上。现在世界各地规模较大的植物博物馆中都陈列有复椰子的大种子,以使人们一饱眼福。复椰子的果实发育缓慢,从开花到成熟,几乎需要经过十年时间；种子发芽也很慢，一般需要三年以上的时间才能完全发芽。因此，这种树也就显得稀少而珍贵了。

树姿优美的垂柳

垂柳是一种落叶乔木，在我国分布很广，是人们喜爱的观赏树种。它的适应性强，耐水湿和轻度盐碱，根系发达，常常栽种在公园的湖边或小河旁，既美化了风景，又可护岸固堤。垂柳的树冠稀疏而开展，无数柔软的细枝条垂挂而下，随风而动，别有一番情趣。柳叶细长，两头稍尖，形似小刀。柳树的果实成熟后自动裂开，散播出种子。种子非常细小，外面

柳　树

包着一簇雪白的长毛，这便是大家熟悉的柳絮。每年的六七月间，无数毛茸茸的柳絮随风漫天飞舞，将种子传播到很远的地方。在文学上，人们常用团团飞絮、片片落花来形容暮春的景色。垂柳还有许多柳树"兄弟"，如龙爪柳、馒头柳、立柳等品种，它们形状各异，婀娜多姿，都是绿化环境的重要树种。柳树的用处很多，柳枝可编织箩筐，柳木能做家具，柳絮可治疮痈出血等疾病，连它的树皮都可提制栲胶呢。柳树还会预报天气的变

化，每当它的叶片发白、反转时，便提示人们天要下雨了。

本领高强的紫穗槐

紫穗槐是一种落叶丛生灌木，它原产北美，我国黄河、长江流域有广泛引种。紫穗槐高2~4米，枝条丛生，叶子很像槐树，作羽状排列。它在4~5月开花，从枝条顶端抽出一个个圆锥状尖塔似的花序，下边的花较大，

紫穗槐

上边的花较小，呈蓝紫色，小巧玲珑。紫穗槐的用途广泛，本领高强。它的枝叶含有丰富的氮、磷、钾成分，是优良的绿肥，同时含有大量的蛋白质，作为饲料比苜蓿的营养价值还高。它的根部长有根瘤，内生的根瘤菌有固氮作用，有利于改良土壤。它的适应性很强，耐旱、耐瘠薄、耐盐碱，还有一定的耐涝本领，且生根能力强。因此，是固沙造林的优良树种。紫穗槐的花期很长，是北方初夏时节的重要蜜源植物。它的枝条细长柔韧，粗细均匀，是编制筐篮的好材料，也是造纸的原料。它的荚果外面密被隆起的油腺点，可以提取芳香油；种子可以榨油，用于制造肥皂、油漆等。可以说，紫穗槐浑身是宝，是难得的有用树材。

最能贮水的树——纺锤树

我们知道,最能贮水的草本植物是仙人掌。而在木本植物中,最能贮水的树要算纺锤树了。纺锤树生长在南美洲的草原上。这种树木有30米高,两头尖细,中间肚鼓,最粗的地方直径可达5米,远远望去很像一个大的"纺锤",所以人们称它为纺锤树。这种树开红色的花朵,整株树的外形还像一个插上几株鲜花的巨型花瓶,因而人们还叫它为"瓶树"。纺锤树生长的地方有明显的旱季和雨季。每当旱季来临,它的叶子纷纷落下,以减少水分的消耗;在雨季来到以后,它的根系又拼命吸收水分,把这些水分贮存在大"瓶"内,存水最多的可达2吨,以供在干旱时慢慢使用。在对环境的长时期的适应过程中,纺锤树的树干就膨大起来了。在澳大利亚的沙

纺锤树

漠中旅行，也可以看到这种奇特的纺锤树。纺锤树和旅人蕉一样，可以为荒漠上的旅行者提供水源。人们口渴时，只需在树上挖一个小口，就能喝上这独特的"饮料"。

不长叶子的树——光棍树

光棍树属于大戟科的植物，原产东非与南非的沙漠或荒漠地区。光棍树是一种奇异而有趣的树，它高4～6米，整个树身见不到一片叶子，满树一年到头只是一些光溜溜的绿枝，有时偶尔在小枝顶上长出一些小叶子，它们是如此的小，如不注意是不容易看见的，而且往往早就脱落了。所以，人们亲切地叫它"光棍树"。也有人叫它神仙棒或绿玉树。如果光棍树没有叶子就不能进行光合作用，那么，它不就饿死了吗？其实，它没叶子不仅不会挨饿，反而对它的生存大有好处。原来，光棍树的故乡在非洲的干旱地区，那里常年缺水，为了减少自身的水分蒸发，节省用水，它们的叶子就逐渐变小，甚至慢慢地消失了；而它的树枝却变成了绿色，里面有很多叶绿体，可以代替叶子进行光合作用。可见，光棍树的奇特长相，是对严酷的干旱环境长期适应的结果。光棍树全株含有剧毒的白色汁液，能抵抗病毒和害虫的侵犯，但人们栽培它时却要加倍小心，要防止毒汁进入口、

光棍树

眼或伤口中。近年来，光棍树引起科学家们的极大兴趣，他们发现这种树的汁液中含有大量的碳氢化合物，可以制取石油，是很有希望的替代石油的植物。

最毒的树——箭毒木

箭毒木又称"见血封喉""剪刀树"或"大药树"。它是一种桑科的落叶乔木，多分布在赤道附近的热带地区，我国的海南岛、云南和广西等地也有分布。箭毒木是世界上最毒的树。它一般高25~30米，树干通直，在树干基部往往有高大的板根，树皮灰色，叶长椭圆形，春夏之季开花，秋季结果。箭毒木的身体中有一种很毒的白色汁液，内含毛皮黄毒苷，只要划破树皮或折断树枝就会流出来。如果这种毒液进入伤口，3秒钟之内能使血液迅速凝固，心脏停止跳动而造成人或动物的死亡；要是不小心将

见血封喉的箭毒木

毒汁弄进眼睛，可使眼睛顿时失明，甚至这种树燃烧的气体熏入眼中，也会引起失明。在历史上，热带地区的土著居民常常把箭毒木的毒汁涂在箭头上，制成毒箭来猎兽，而射死的野兽的肉没有毒性，仍可食用。还有人用箭毒木的树皮来制作"树毯"。这种毯子洁白、柔软、耐用。目前，科学家们对箭毒木的毒性成分很感兴趣，并加紧研究，使它能够造福人类。

珍贵的楠木

楠木属于樟科，它可分为桢楠和雅楠两个属。桢楠属中以红楠和桢楠

为代表，红楠是一种高大常绿乔木，是所有楠木中最耐寒的；桢楠是比红楠还要高大的乔木，叶大形美，是一种观赏树木。雅楠属中以雅楠和紫楠为代表，雅楠与桢楠差不多高，树冠宏伟壮丽；紫楠个头稍矮，树形优美，可作风景树木，这些树木都可称为楠木。楠木喜欢生长在湿润荫蔽的深山峡谷中，它小时候夹在杂木林中，生长极慢，20岁时只有5米高，到了60岁以后，它逐渐高于其他杂木，开始加速生长。楠木是一种珍贵的木材，位列我国江南四大名木之首。它质地坚硬，花纹漂亮，有芳香气味，

珍贵的楠木

不怕潮湿，遇火难燃，因而成为建筑业和家具制造业上的高档用材。楠木的生长地区广，主要分布在我国的南部和西南部。从古至今，楠木遭受人类的滥砍滥伐，数量已大大减少，所以，人们应采取有力措施，保护好这类珍稀植物。

灿烂的樱花

蔷薇科中出名花，樱花便是其中别具特色的一员。它是一种美丽的观赏树木，树高10～25米；树皮深褐色，上面生有许多皮孔，像一个个的小疙瘩；叶呈卵圆形，先端渐尖。春天是樱花最缤纷灿烂的时节，它们一簇簇地开放，千朵万朵的花朵布满树顶。樱花有洁白如雪的，有粉红淡妆的，微风拂过，送来阵阵的清香。走进樱花林中，仿佛步入花的海洋。春天就这样被它们装扮得漂漂亮亮的。可惜樱花的花期不长，开放10天左右便凋谢了，惹人遗憾。在日本，人们常拿它比作武士们的短暂辉煌。樱花主要

櫻 花

生长在亚洲。它喜欢生长在土壤肥沃、湿润的山沟、溪旁及杂木林中。它还是日本的国花，日本人民对它寄予了无限的爱慕之情，每当樱花盛开的时节，忙碌的日本人总要抽出一定时间，与亲朋来到郊外，在美丽的樱花树下，一边用餐，一边赏花，别有一番生活情趣。樱花的核仁还可入药，治疗麻疹。

用于雕刻的好材料——缅茄

缅茄是豆科的一种落叶乔木。它身材高大，最高可达40余米，树冠宽阔。复叶呈羽状，上面的小叶呈椭圆形，对生在小枝的两侧，微风拂过，绿叶婆娑，十分壮观。它在5月开花，花序呈圆锥状，红色的花朵在花序上几乎偏于一侧，花只有1枚花瓣，其余的花瓣退化。缅茄在12月结果，果实为矩圆形略扁的大型荚果，外皮黑褐色，肥厚木质，长10~12厘米，宽6~7厘米，厚达4厘米，内含种子2~3个，颜色红紫而透黑，质地坚硬，富有光泽，上面有一个黄色的种柄，俗称"蜡头"。缅茄树上最有名的部分便是它的种柄，是雕刻用的好材料，可以刻成图章或各种图案的工艺品，驰名中外。缅茄是我国十分珍贵的稀有树种,在广东有引种,越南、缅甸、泰国也有分布。它的种子可入药,能解毒消肿。

清新淡雅的文竹

文竹是一种常见的观赏植物,它虽然称为"竹",却与竹类没有任何渊源关系。文竹属于百合科的常绿植物。它在幼小时挺立生长,长大后,则需要攀援其他物体继续生长。文竹非常特殊,长有一条较粗的主茎,上面

文　竹

分出较细的枝条,枝条上生长着像针叶一样的茎。原来,它的叶已退化成一片片白色的鳞片,非常小,每一个细枝丛中都藏着一片退化叶,容易被人忽视,所以,我们平时所见文竹的绿色部分都是它的茎。它那绿色的茎枝代替了叶来进行光合作用,生产所需的食物。文竹在夏天开花,花小呈白色,冬季结果实,呈紫黑色。文竹原产南非,现在全世界都有分布。它长得亭亭玉立,文静娟秀,远看像一株竹的缩影,是人们喜爱的室内装饰植物。文竹喜欢生长在阴湿的环境中,夏季需多浇水,冬季则要保持干燥。在色彩单调的冬季,生长在室内的文竹却碧绿青翠,使人感到生命的绿意。

美丽的紫荆花

紫荆是豆科的一种落叶灌木或小乔木。它最高约15米,树干一丝一丝地从土中冒出,枝条开展下垂。叶互生,革质,叶形像圆圆的心脏,又如羊蹄或骆驼蹄状,所以国外还叫它"红花骆驼蹄树"。它在春天开花,当光秃秃的枝条还没有长出叶片时,整棵树已经开满了玫瑰紫或玫瑰红色的花朵,花

紫荆花

朵小且数量多,格外悦目喜人,故有"满条红"的美誉。古人曾赞曰:"风吹紫荆树,色与春廷暮。"它的花有5个花瓣,其中4瓣分列两侧,另1瓣翘首立于上面,就像一只美丽的蝴蝶。每当花期,缀满枝头的无数花朵,有如彩蝶飞舞,令人心旷神怡,目不暇接。紫荆的果实为扁平的豆荚,也是紫色。紫荆是一种优良树种,可作为行道树和绿化树。它木质坚硬,适于精细木工;树皮含单宁,可作染料和鞣料;种子可作农药,有杀灭害虫的功用。它天生喜爱阳光,在我国许多地方,都能看见它那美丽的芳容。

美丽实用的桉树

桉树是桃金娘科的树木,它生长快,用途广,适应性强,是热带、亚热带的重要速成树种。桉树的祖先生长在澳大利亚和塔斯马尼亚岛,是澳大利亚的特有植物,也是该国的国花。桉树是一个大家族,全世界有600多种。它树干通直,树皮银白色,树叶芳香,叶子不脱落,姿态秀丽。桉树生长迅速,一般每年可长高2~3米,是不可多得的速生树木。虽然它长得高大,开出的花却很小,结出的果实也很小,种子就更不用提了,还没有

芝麻粒大。桉树在生长过程中，会散发出一种芳香油，能使空气变得清洁新鲜，还能吓跑蚊子等飞虫，是天然的"清洁工"。桉树不仅树形优美，还浑身是宝。它的木材用途广泛，可用于工矿、建筑、交通等方面，还可制造家具、地板等；它的叶子大都含有桉叶油，可制成香水、清凉油、医药原料、香皂等产品；它的叶子还含有酮类物质，可制成植物生长促进剂，能增加农作物的光合作用；另外，桉树的花色众多，富含花蜜，所以，它也是一种重要的蜜源植物。桉树真可称得上全身是宝啊！

抗污能手——夹竹桃

夹竹桃是一种比较常见的植物。它四季常青，叶似竹叶，花若桃花，故名夹竹桃。夹竹桃的叶子常常3生一组轮生在小枝上。花在枝顶开放，有白色、红色、黄色等，绚丽悦目，使人陶醉；花期长，从夏天到秋天一直

夹竹桃

不停地开放。夹竹桃生活能力强，即使长在阴暗光少的地方，照样能开放出漂亮的花朵。它的枝条中含有一种有毒的乳汁，能杀死来犯之虫。夹竹桃是出色的抗污"能手"。有人做过测定，每千克的夹竹桃叶子能吸收有毒

的汞96毫克，每张叶片能吸收空气中的硫60多毫克，而且许多有毒的铅、锌等金属的微粒和大量的尘埃都逃脱不了它的吸附作用。还有人发现，在有毒气体和烟尘迷漫的地区，其他树木由于不能忍受而纷纷枯萎，唯独夹竹桃能昂首挺立，枝繁叶茂，难怪人们盛赞它是净化空气的"无名英雄"。另外，夹竹桃的树皮中富含纤维，可以造纸张，织鱼网，还可以用于纺织业上。

治疟高手——金鸡纳树

金鸡纳树属茜草科，是一种多年生常绿灌木或小乔木。它通常有2~3米高，树皮呈黄褐色，幼枝四棱形，被褐色短柔毛，椭圆形的树叶对生。金鸡纳树没有固定的开花和结果时间，往往一边开花，一边结果。它的花

金鸡纳树的树叶

小呈白色，种子长有细小扁平的翅膀，可以随风飘散。金鸡纳树喜欢生长在热带地区，要求冬暖夏凉，雨量充沛。它的老家在南美洲的秘鲁。几个世纪以前，当世界上许多地区的人民饱受疟疾的折磨而死时，秘鲁的印弟安人把这种树当成宝贝，看得很紧。后来，在印度尼西亚的荷兰殖民主义

者见种植金鸡纳树有利可图，便派出两名植物学家到秘鲁去偷。他们历尽千难万险，终于秘密地偷到了金鸡纳树苗，荷兰人竟动用巡洋舰为其护航，送到印度尼西亚栽种，并大量繁殖开来，并以此赚取了大把大把的钞票。人们经过研究发现，金鸡纳树皮中含有大量的奎宁，它是治疗疟疾的有效成分。如今，虽然印度尼西亚已成为世界上奎宁产量最大的国家，但秘鲁人民依旧喜爱金鸡纳树，并在本国的国旗上印上这种树的图案。我国台湾、云南省也都先后引种了这种树。

朴实有用的刺槐

刺槐是豆科的一种落叶乔木。它身高15～25米，树皮灰色至黑色，也有的灰白色，纵裂较光滑；小枝无毛，托叶变成了尖刺，叶互生。它在初夏开花，花朵多为洁白色，有香气。刺槐喜爱阳光，耐干旱贫瘠，适应性强，是温带常见树种；在北美洲、欧洲、非洲、日本、中国都有分布。刺槐长得很普通，但它奉献给人类的却是那样多。在贫瘠的荒山沙地上，不论土壤是酸性的、碱性的，还是盐碱性的，它都能勇敢地冲上去，扎根、

刺槐树

展叶、开花、结果,呈现给人们生命的绿色。它有强大的根系,向地下呈放射状伸展,能够固定沙土;根上还长有疙疙瘩瘩的根瘤,能够制造氮肥,改良土壤。它生长快、木材好、用途广,是速生用材树种之一。它树形美观,树叶茂密,花朵芳香,抗烟力强,还能净化空气,所以又是绿化的好树种。刺槐的好处还不止这些:它的嫩叶及花可食,老叶可作饲料,还可沤制优质的绿肥;种子含油量高,可作肥皂及油漆原料;树皮可造纸及人造棉;根、茎皮、叶可供药用,有利尿、止血之效。最出名的是,刺槐树花含蜜量丰富,蜜质优良,味美可口,是一种优良的蜜源植物。刺槐树真可称得上浑身是宝啊!

砍不死的铁刀木

铁刀木又名铁心树或黑心树,是豆科的一种常绿乔木。它原产印度,在我国云南、台湾、广东等省均有分布。它树高5~12米,羽状复叶,叶呈椭圆形,托叶早落;花一簇簇地开放,花瓣黄色;荚果条形,有种子10~20粒。在西双版纳,傣族人们把铁刀木当成一种理想的薪柴树。这种树长得

铁刀木的花

特别快,平均每年长高2米,胸径增长2厘米。它不怕砍伐,而且砍伐之后长得更快,每年可长高三四米,胸径增长二三厘米。铁刀木的生命力顽强,第一次被砍伐后,第二年就会长出3至7根枝条,三四年后这些枝条又会长成十多米长、碗口粗的树,可再次砍伐,为人类提供薪柴。因此,每棵铁刀木的身躯上,都会带有刀砍斧伐的伤疤,都会残留着被锯过的手臂般粗细的断痕。一户傣族家庭种上几十棵铁刀木是常有的事,可以解决一年到头的薪材问题。铁刀木木质坚硬,不怕水浸虫蛀,是制造家具和用于雕刻的好材料。

著名的观叶植物——龟背竹

龟背竹是一种大型盆景植物,原产墨西哥的热带雨林中。它的叶子呈阔卵形,有几十厘米长,又宽又大,绿油油的,像打了一层蜡;叶片上有许多深深的裂口,叶脉之间还有椭圆形的小洞。整个叶片看上去活像一个大乌龟壳,而且它的茎上生节,像竹茎一样,所以人们形象地称它为龟背竹。它的茎节上生有许多细长的、褐色的气生根,像一条条电线,所以还有人叫它电线兰。龟背竹叶上的裂口和小洞是它长期适应热带雨林生活的结果。热带地区的暴风雨频频发生,虽然它的叶子很大,但由于有了裂口

龟背竹

和小洞，便不会挡风，也不会被风吹断叶子。也许有人会问，龟背竹的叶子那么大，不就把光线挡住了吗？下面的叶子怎么生长？原来，又是这些裂口和小洞起了作用，使阳光能穿过这些孔隙，照到下面的叶子上。龟背竹不喜欢曝晒在烈日下，若那样便会被晒死，它适于在室内栽培。另外，它还是优秀的"气象员"，每当空气中湿度变大，快要下雨的时候，叶上便会出现水珠，提醒人们即将下雨了。

亭亭玉立的棕榈

棕榈科是一个大家族，全世界约有1500多种，我国有60多种，以广东、台湾最多。在众多的家族成员中，棕榈是最不怕冷的，最北分布到长江流域，但冬天里需在温室中培养。它是一种常绿乔木，圆柱形的树干高达10米，叶子都集中长在树顶，叶子很大，叶形为蒲扇形，很像摊开的手掌。它在夏天开花，穗状花序从叶腋抽出；秋天结果，果为核果，褐色。整株植物亭亭玉立，赏心悦目，是著名的南国观赏树木。棕榈的树干上长着许多像毛一样的咖啡色细丝，这是棕榈以前长叶子的地方，人们常用它

棕榈树

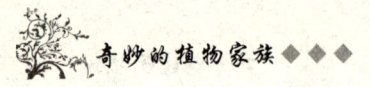

搓绳。棕榈的树干可以盖屋搭桥；棕毛和果实为泻热止血药；种子淀粉含量高，是牲畜的好饲料；果皮含蜡量高，是制造复写纸、地板蜡的好材料。就连它的陈年棕丝烧成炭后，也有药用价值，可治吐血、便血等症，习称陈棕炭。棕榈可谓浑身是宝，经济价值太大了。棕榈属于热带、亚热带植物，在江南的许多地方可以看到它们那优美的身姿。

竹子趣话

竹是多年生禾本科植物，它是一个大家族，全世界共有1200多种，我国有300余种，主要分布在长江流域及以南各省区。它的秆笔直中空，有明显的节，翠绿的叶片呈披针形。整株植物亭亭玉立，清秀婀娜，自古以来，便是许多画家临摹的对象。在竹类大家庭中，各种竹子的形状千奇百怪。佛肚竹，枝干短粗，并向外凸出，活像弥勒佛的大肚皮；琴丝竹，金黄色的枝秆上布满碧绿的丝状花纹，好似琴弦一般；粉箪竹，浑身密被白粉；凤尾竹，枝叶挺秀细长；真可谓千姿百态，不胜枚举。竹和人们的生活关系密切。竹笋味美鲜嫩，是大家喜爱的蔬菜；竹叶清香无比，用它包的粽子香甜可口；竹竿可制竹椅、竹床、筷子等日常用品；竹竿加热流出的竹沥，具有清热化痰的功效，等等。竹子不常开花，只有在严重缺水、土壤板结、营养不良时才开花，以便在生命结束之前结出种子。竹子开花，就意味着它的死期到了。大面积竹林开花，会造成很大损失。例如，1981年前后，四川卧龙自然保护区的大片箭竹林开花枯死，造成一些大熊猫饥饿而死。如果发现有竹子开花，人们就应该给它们施肥、松土、浇水，并把开花部分的竹子挖掉，这样便能避免更多的竹子开花而死。

长得最快的植物——毛竹

毛竹是竹类大家族中比较显眼的一位成员。它有10多米高，主秆笔直挺拔，每隔一段距离便长出一个节，节与节之间的秆内中空，浑身翠绿光滑。毛竹一生只开一次花，开花后便会枯萎死掉。但不必担心，它有独特

毛 竹

的繁殖后代的方式。它在地下长有到处横走的根茎，每年的初春时节，根茎上便有小芽破土而出，长成竹笋。毛竹是世界上日生长速度最快的植物，它的竹笋经过40~50天就能长成幼竹，高度接近12米。尤其经过一场春雨滋润后，竹笋长得惊人，最高峰时一天可窜高1~2米。"雨后春笋"的说法也由此而来，现在常用它来形容新生事物的发展速度极快。科学家们发现，竹子茎尖上的生长锥具有极高的细胞分裂能力，促使它不断向高长；而且竹笋形成节后，节和节间的细胞仍能连续不断地分裂，使各个节间迅速延伸，所以竹子能飞快地生长。而其他的植物都仅靠顶端的生长锥长高，生长速度当然要逊色三分了。

长衣裳的树——鹅掌楸

鹅掌楸又名马褂衣，是木兰科的一种乔木。它同银杏、水杉等树木一样，是历经沧桑幸存下来的珍贵树种。鹅掌楸身材高大，高达40米，胸径1米以上。它的叶子有十几厘米长，与其他植物的叶片不同，其先端是平截的，中央略有凹入，两侧有两个深深的宽裂片，有些像大白鹅的脚掌，故名鹅掌楸。有些人还认为它像古代人穿的马褂，宽裂片像袖子，裂口处像腰身，所以又叫它为马褂木。鹅掌楸在春天开花，花单生于枝顶，花被片里面呈黄色，外面呈绿色，6个花瓣围成一圈，像一个酒杯，十分漂亮。鹅掌楸生于常绿或落叶阔叶林中，分布在长江以南各省区，越南也有分布。因其叶形奇特，花朵美丽，故为我国著名观赏植物。它的树皮可入药，有祛湿除寒的功效。

赏心悦目的南天竹

南天竹虽然叫竹，但它不是竹类家庭中的成员。竹子属于禾本科，而南天竹属于小檗科，只不过南天竹的叶子很像竹叶，大家才这么称呼它。南天竹是一种姿态优美的常绿灌木。它高约2米，茎直立，少分支；大叶呈羽状，小叶革质，椭圆披针形。它的叶片有神奇的变色本领，在室内鲜绿无比，如果拿到室外，在太阳的照射下，叶片就会变成红色。南天竹的白花很小，许多小花组成一个圆锥形的花序。秋天来到时，小花变成了一个个圆形的浆果，它们在冬天变成美丽的红色，悬挂在枝头；此时，南天竹的叶片也变成红色，果实与叶

南天竹

片交相辉映，给寒冷的冬季带来一丝暖意。野生的南天竹常见于山地疏林下和灌木丛中，主要分布于江苏、安徽、湖北等省，日本也有。南天竹是美丽的庭院植物，深得人们的喜爱。此外，它的种子富含油脂；果实可入药，有镇咳的功效；根叶也可入药，有解毒活络的功效。

侵占美国的葛藤

葛藤是豆科的一种攀援灌木，在我国许多省份都有它的踪迹。葛藤长有细长柔软的蔓茎，上面生有许多碧绿的叶片，呈卵圆形。葛藤在夏天开花，花序下垂，花大呈紫色，整个花序就像一串串的紫葡萄，十分可爱。

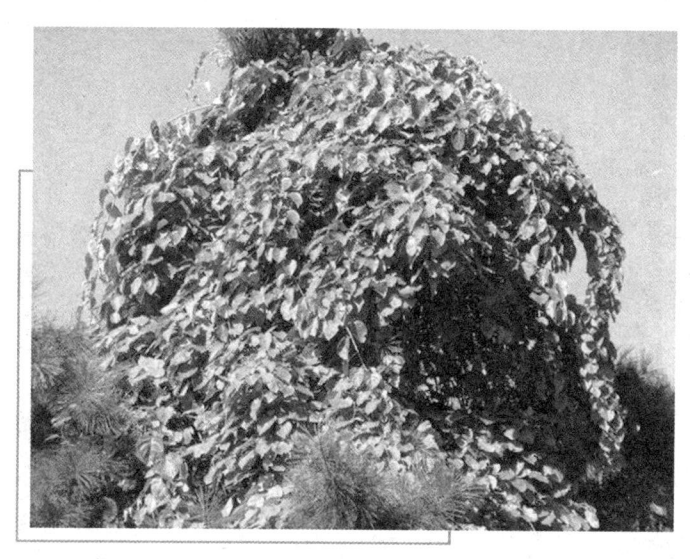

葛 藤

秋天，它结出又长又扁的荚果，上面密生黄色绒毛。葛藤有顽强的生命力，不管土壤多么贫瘠，它都能很好地生长。为此，美国人特地从日本引进了葛藤，希望它在保持水土方面发挥重要的作用。出人意料的是，葛藤在美国飞快地生长，不到几年时间便侵占了大片的土地，使当地土生土长的一些植物被排挤掉，甚至灭绝。于是，美国人又不得已掉过头来消灭葛藤，他们使用各种方法对付葛藤，但由于葛藤生命力极强，长得又快，所以要想消灭它并不容易。至今，美国人还为此事大伤脑筋呢。其实，葛藤也有好的一面。它的块状根肥厚多粉，营养丰富，可以当粮食吃；花含芳香油；茎皮及花可供药用，能解毒驱虫，止吐泻；根可制糖浆；叶子可作饲料；种子可防腐。

名贵的半寄生植物——檀香

檀香又叫白檀,是一种名气很大的珍贵树种。它是一种四季常绿的乔木,身材高大;叶片总是一左一右地对生在小枝条的两边;花朵成簇开放,开始是黄色,然后慢慢变成血红色;果实小,黑色球形。别看檀香树长得

檀香树

高大,却是一种半寄生植物,除非偷取别种植物的营养才能活下去。原来,它的叶片光合作用能力很差,自己生产出来的养料根本不够吃。但檀香树的"脸皮"很厚,它会使自己的根紧紧吸附在其他植物的根上,偷取食物吃。由于它在地面下进行这种活动,所以不了解它的人认识不到这一点。檀香树常寄生的对象为豆科、桑科、马鞭草科中的一些植物,它总是紧靠这些树木生长。檀香树浑身溢香,芬芳宜人,是一种珍贵树木。它主要分布在中国南方,在澳大利亚、印度等国也有。人们常用它来制作高级家具,价格昂贵。

美丽的山茶花

"雪里开花到春晚,世间耐久孰如君。"这是宋代著名诗人陆游对山茶花的真实写照。山茶花是一种常绿灌木或小乔木,人们常按树形将其分为丛生型、垂枝型、直立型和横张型四大类。山茶花的叶形多变,在质地方

山茶花

面,有的厚硬,有的薄软,有的甚至像一层膜;在颜色方面,从深绿到浅绿,色彩丰富,有些品种还具有黄白色的斑块。山茶花大而艳丽,花色由浅红至深紫,各个层次都有,例如,花色纯白的白洋茶,粉红的杨贵妃,桃红的小五星,紫红色的紫花山茶等等。山茶花的品种不同,开花的时间也不同,一般从每年的10月份至第二年的4月份都有花开。它的花期很长,最短的为1~2个月,最长的可达4个月,十分耐久。自古以来,就有许多诗人写诗赞美它的美丽与耐久。山茶花是我国特产的传统名花,也是著名的观赏植物;全世界共有220多个品种,我国就占了190多种。所以,我国是盛产山茶花的大国。在我国,山茶花主要分布在华东、华南一带,而云南省的山茶花种类最多,数量也最大。山茶花是一种重要的园艺植物,可修剪成树墙或绿篱,也可制成盆景。此外,它的花可食用,还可入药,有

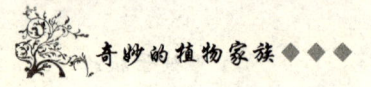

凉血、止血、理气的功效；种子可榨油，坚硬的木材可用于雕刻或制作工具，真可谓用途广泛。

奇怪的叶子花

叶子花是一种常绿、多年生的木质藤本灌木。为什么这样描述它呢？原来它那弯弯曲曲的长藤上会像灌木一样，长出许多枝条来。叶子花的花朵就生长在小枝条的顶端，常常每3朵花聚在一起，外面围绕着3片大苞片，酷似一个三角形，所以，人们也叫它三角花。这些苞片呈椭圆形，有红、紫、黄、橙黄等色，而且深浅不一，鲜艳夺目，所以乍一看去，更像是美丽的花瓣，这便是叶子花名字的由来。叶子花原产南美的巴西，现在我国各地均有栽培。它喜欢温暖湿润的环境，不耐寒。它的生长离不开最重要的三个条件，即肥沃的土壤，充足的水分和阳光。人们常用它作盆景或栽植绿篱、花坛。它的花还可入药，调和气血，主治妇女月经不调等症。

怕痒的树——紫薇

紫薇是一种落叶灌木或小乔木。它树高约6米，干皮呈片状剥落，因此整个树干都特别光滑，没有高低不平的凹坑或突起的地方。紫薇的小枝条呈四方形，长椭圆形的叶片对生在枝条的两侧。它在盛夏开花，从小枝条的顶端抽出一串串很长的圆锥状花序，花朵呈淡红色，样子很像一个小轮盘。它的花期很长，从夏天一直持续到秋天，有一百天左右，所以人们又叫它百日红。紫薇树有一种奇妙的现象，当人们在它的树干上搔来搔去时，它的树叶和花朵就会不停地颤动，好像人被搔痒时的动作一样，因此，人们还称它为痒痒树。这是怎么回事呢？原来紫薇的枝条十分柔软，当手碰到树干时，便会引起枝条的抖动，仿佛真的怕痒一样。紫薇喜好阳光，有一定耐寒力，在南方和北方都能栽种。它的根和剥落的树皮都可入药，可以治疗出血、肝炎、湿疹等疾病。

鸟儿不敢光顾的树——枸骨

枸骨是一种四季常绿的灌木或小乔木。它高2~4米,树皮灰白,光滑。最奇怪的便是它的叶,叶呈长椭圆状四方形,在四周边缘长着四五根锐利的长刺,又尖又硬。由于叶片生长茂密,叶上的刺也指向四面八方,组成了一道严密的刺网,使得飞过的鸟儿不敢停在上面歇息,所以,人们就给它起了另外一个名字——鸟不宿。枸骨在夏天开花,花很小,呈黄绿色。果呈鲜红色,大如豌豆。枸骨原产我国江南各省,喜温暖湿润的气候,对有毒气体的抵抗力强,是绿化的优良树种。它的叶形奇特,浓绿而有光泽,再配上鲜艳火红的圆果,十分美丽,是很好的观叶、观果树种。枸骨浑身都能入药:它的叶叫功劳叶,能滋阴补肾;根能祛风、止痛、解热;果实叫功劳子,能补肝肾、止血。

枸 骨

花序最大的木本植物——巨掌棕榈

棕榈科植物在热带植物中占有重要地位,它们的用处很大,有很多是单干耸立的大树,因而有热带植物之王的称号。巨掌棕榈就属于棕榈科,它原产印度,生长速度比一般棕榈树要慢,经过几十年的生长才有20多米高。别看它长得慢,花序可不小。它的花序从顶端抽出,非常庞大,呈圆锥形,长度足有14米,基部直径竟达12米。花序上的花朵密密匝匝,约有10万余朵,外面包着膜质的佛焰苞。它一生只开一次花,花期不长,开花后不久,全株植物就会死掉。草本植物中的巨魔芋花序最大,可是与巨掌棕榈相比,只能算是小弟弟了。巨掌棕榈的花序是如此之大,不仅是木本植物中的冠军,而且在整个植物王国中,也是名正言顺的魁首。

独具特色的合欢

合欢是城市中常见的观赏树木,在许多地方都有分布。它属于豆科植物,至少也有丈把高。在它的枝条上,长着一片片像羽毛一样的复叶,每片复叶又由许多镰刀形的小叶对生而成,排列得整整齐齐,十分美丽。在晴朗的白天,这些叶片全部张开,一到傍晚,就好像要睡觉那样自动闭合,所以人们也叫它"夜合树"。合欢在夏天开花,从平整的树冠上冒出一枝枝花簇,远远看去,仿佛在绿荫深处飘着一片片淡红的烟云。它的小花不大,但红色的花丝伸得很长,一簇簇地向四周辐射,赛过马铃上的红缨,因此

合　欢

又有人称其为"马缨花"。到了秋天,合欢结出一串串像豆角一样的荚果,扁扁的,摇摇摆摆,十分好看。合欢树的叶、花都很漂亮,自古以来就是装点庭院的树木。它的嫩叶可以吃,花和树皮有安神的功效。它耐干旱盐碱,有改良地力及固沙之效,因此,用途相当广泛。

美丽的梧桐

梧桐也叫青桐,是一种落叶乔木。它属于梧桐科梧桐属,是我国有名的庭园树。梧桐树高15米以上,树皮绿而光,枝叶繁茂,树姿优美。它的叶片宽大,有3~5个裂口,就像一只只绿色的大手掌,下面有星状的短柔毛,叶柄长。它在6月开花,从枝顶上生出美丽的大圆锥形花序,花小,呈淡黄色,没有花瓣;5个细长的、花瓣似的花萼一起反卷下垂,将中间的花蕊全部暴露出来。它的果实为裂果,完全成熟后便会自动开裂,开裂展开的果皮像一片厚叶,也像一只小船,十分有趣,上面嵌着4~5个圆珠形的种子。梧桐原产我国,主要分布在中部和南部。它体态端庄,妍净淡雅,赏心悦目,深受人们的喜爱。梧桐有很高的经济价值,木材质轻而柔韧,适合制作各种乐器和家具;树皮富含纤维,可以造纸;种子可食用、榨油。另外,有一种叫法国梧桐的著名观赏树木,属于悬铃木科,和梧桐并不是一家子,只是它们的外表有些相似罢了。

美丽的梧桐

在叶子开花结果的树——青荚叶

青荚叶属于山茱萸科,是一种落叶小灌木。它分布在我国的华东、华南等地,在缅甸、日本等国也有分布。青荚叶有1~3米高,叶子卵形,边缘有细齿。它在初夏开花,雌雄异株,雄花5~12朵聚生在叶子上,雌花1~3朵簇生在叶子上。秋天结果,球形的果实由绿转黑,也生长在叶片上,特别奇异。你或许会产生疑问,叶子上怎么会开花结果呢?原来,青荚叶的花柄与叶脉长到了一起,使这段叶脉增粗,因此,看上去就好像在叶子上开出了花朵。植物学家们认为,花着生在叶面上,视野开阔,容易被昆虫发现,吸引它们来传粉;另外,花柄和叶脉合生在一起,能够增加它的牢固性,从而抵御风雨对它们的破坏。这是它们长期对自然环境适应的结果。叶上开花结果的植物还有西藏青荚叶、中华青荚叶和百部。

花中皇后——月季

月季花容秀丽,姿色宜人。无论古今中外,它都是人们喜爱的名花。

月季花

在国外，月季被尊为"花中皇后"，列为群芳之魁。月季属于蔷薇科蔷薇属的植物，是一种叶子常绿的小灌木。因品种不同，月季的个头也不等，最高的可达4米，最矮的只有几十厘米。月季的茎上有一些稀疏的弯曲尖刺，叶为奇数羽状复叶，花多单生于枝顶。月季花的最大特点是花期特别长，在北方，从5月到11月，它能月月盛开；在南方，几乎常年开花，这也是它的名字的由来。目前，全世界的月季品种有20000种以上，我国有500多种，主要分布在北京、上海、杭州等地。经考证，中国是月季的发源地，18世纪末，有四种月季经印度传至欧洲。目前，最著名的月季品种有白天鹅、状元红、绿绣球、苏丹黄金等。其中，最奇特的是绿绣球，它的花瓣呈淡绿色，就像带锯齿的绿叶。原来，这种花瓣是由绿色的花萼演变成的，世界上仅此一种。月季的花型有单瓣、重瓣之分。它的颜色繁丽多变，有红、白、绿、紫、蓝、黄以及多种混合色，令人眼花缭乱。月季喜好阳光，耐寒性强，很多地方都适合种植。月季除供人观赏之外，还可提取芳香油，它的花、叶、根还能入药，有消肿解毒的功效。

可爱的丁香

丁香是大家熟悉又喜爱的一种植物。它的花序通常很大，美丽的花朵吐出阵阵芳香，清新而淡雅，是著名的观赏花木。丁香属于木犀科丁香属。我国是丁香属植物种类最多的国家，约有25种。丁香花色众多，品种奇特，有花萼和花轴都是紫色的紫萼丁香；有白色的、像佛手一样的佛手丁香；有蓝紫色的蓝丁香；有下垂如藤萝的垂丝丁香，等等。紫丁香是我国北

丁香花

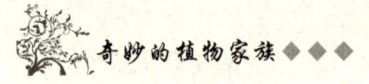

方普遍栽培的品种，它的叶对生，叶柄稍长，花呈暗紫色，清香宜人。在印度尼西亚和非洲热带地区，有一种叫洋丁香的植物，这种植物与前面所谈的丁香种类完全是两类不同的植物。洋丁香属于桃金娘科，是一种常绿乔木。它比中国的丁香树要高，叶革质，花幼时绿色，成熟后变成红色。洋丁香是一种世界闻名的香科植物，它的花蕾和果实可提取丁香油，可制造化妆品，也可入药。中药材里，花蕾称为"公丁香"，晒干的果实称为"母丁香"，可治胃病呃逆等病。印度尼西亚的马鲁古群岛以盛产洋丁香闻名，人们称之为"丁香群岛"。

傲寒凌霜的梅花

自古以来，梅花一直是人们歌颂的对象。宋代王安石曾赋诗一首："墙角数枝梅，凌寒独自开。遥知不是雪，为有暗香来。"人们不但佩服它耐寒的性格，而且喜欢它的幽香。梅花最早产于我国，属于蔷薇科李属。它多为落叶小乔木，但也有少许为灌木。树干褐色，有斑纹，枝小细长。它的花常在冬末春初开放，以1~2朵簇生于花枝，有粉红、紫红、纯白等颜色，与洁白的飞雪互相映衬，构成了一幅美丽动人的图画。梅花的果实俗称梅子，其味甚酸，可供食用或入药。梅花的适应性较强，主要分布在我国西南和长江中下游地区。人们常将梅花分为花梅和果梅，常见的花梅有绿萼梅、白梅、冰梅、照水梅等种类；常见的果梅有青梅、杏梅等种类。梅花的寿命很长，在浙江省天台山国清寺内的一株古梅，是在隋唐时代栽下的，历经1300多个春秋，仍然枝繁叶茂，傲雪怒放。梅树除具观赏价值外，其果实营养丰富，有机酸含量较高，可制成各种食品，如梅脯、酸梅汤、青梅酒等；另外，它的花、果实、叶、根都可入药；树干坚韧，色艳，可雕刻成美术工艺品。

俏立寒冬的腊梅

生活中，许多人把腊梅与梅花混为一谈。其实，他们犯了根本性的错误。在植物学中,腊梅与梅花没有一点联系,腊梅属于腊梅科腊梅属,而梅花则属于蔷薇科。腊梅也叫黄梅花,因它与梅花都在冬末春初开花,香味相近,花色似蜜腊,所以人们叫它"腊梅"。腊梅的形态与梅花大不相同,它是一种落叶灌木,丛生;叶片光滑,对生在小枝条的两侧,非常有规则;它的花朵呈金黄色,单生,似杯状,外轮以蜡黄色为主,中轮带紫色条纹,清香四溢。人们常喜欢折几枝腊梅花来装饰房间,不仅点缀生活,而且香气扑鼻,别有一番感受。我国是腊梅的发源地,而河南省鄢陵县的腊梅闻名天下。腊梅不都是冬天开花,还有一种夏初开花的夏腊梅。它的花朵呈白色,边缘是淡紫色,极为美丽,是珍贵的腊梅品种。腊梅除供观赏外,花采下来浸在生油里,名为腊梅油,是一种治烫伤的药。它的树皮可浸汁磨墨,写出的字乌黑又有光采。它的花还可提取芳香油,有解暑止渴、解毒生肌的功效呢。

傲雪腊梅

十里桂花香

桂花又称丹桂、木犀、九里香,是一种象征吉祥、友谊的植物。它属于木犀科,为常绿乔灌木。桂花树枝叶茂盛,叶革质,椭圆形,成对长在枝条两侧。中秋佳节也是桂花盛开的季节,它的花很小,但数量很多。根据花的不同颜色，人们将桂花分成三个品种：花色金黄的叫金桂，香味最为浓烈；花色呈淡黄白的叫银桂，香味不如金桂；花色是橙红色的叫丹桂，

桂　花

香味最次，但色彩鲜艳，最为美丽。桂花的香味与众不同，既清香飘逸，又浓郁致远。如果一家的桂花树开花了，左邻右舍都能闻到它的香味；如果一片桂花树开花，则会香飘四野。所以，人们还称它为九里香。我国的西南部是桂花的故乡，现在，它已广泛地分布在长江流域各省。桂花还是旅游胜地杭州市的市花，秀丽的风景配上美丽的花朵和扑鼻的芳香，使人心旷神怡。桂花除了供观赏外，还是一种名贵的熏花植物，例如，我国著名的龙井茶就是用桂花熏制成的。桂花还可用来制作高级食品香料，以及桂花酒、桂花糖等。临床上还应用它治疗咳嗽、牙痛等病，效果不错。

可爱的金银花

金银花属于忍冬科忍冬属的植物。这类植物在秋天会脱掉老叶，长出新叶，保持常绿或半常绿的状态度过冬天。金银花便是其中的突出代表，所以人们又叫它忍冬。它有一根坚韧结实的长藤，喜欢往篱笆上缠，而且常从左面的方向缠上；叶呈长椭圆形，成对地长在藤茎两边，叶和藤密布

褐色的柔毛。它的花呈长筒状，初开时，花蕊和花瓣都是雪白色，几天后就变成了一片金黄，新花和老花混在一起，黄白相间，十分好看，这也是它名字的由来。金银花有一种神奇的"找矿"本领，科学家们发现它喜欢生长在含银多的土壤里，所以，如果一个地方长着大片茂盛的金银花，常常预示着下面可能隐藏着一个大银矿。金银花还是一味清热解毒的名药，对流行性感冒和炎症的治疗都十分有效。有些地区的人们还用金银花泡茶，香醇可口。

金银花

美丽的生命之树——椰子树

椰子树属于棕榈科的椰子属，是一种生长在热带的常绿乔木。它有10多米高，一根笔直的主干顶着头上的一蓬叶子，显得亭亭玉立。这些叶子巨大，有5米多长，向四周散开，仿佛是一只大鸟的羽毛。椰子树的果实称为坚果，是我国最大的干果。它们就像挂在树上的小足球，有60~100个之多。椰子树喜欢生长在海边，当椰果成熟后就会掉落到海水中，在水中漂浮。原来，在它的果皮内有毛发一样的纤维组织，充满了空气，可以使它浮在水面。这样，它就随着海水漂流到遥远的海岸，在那儿安家落户了。

椰子树

椰子树姿婆娑，高大挺拔，是热带海岸上的一道靓丽的风景线。它浑身是宝，用途广泛，所以当地人们还称它为"生命之树"。椰子的果肉乳白可口，可以制成椰蓉、椰子糖、椰丝蛋糕等食品，还可榨油，用于制作高级肥皂、化妆品、油漆等；椰子的果汁富含糖类，另外还含有蛋白质、脂肪、微量元素和维生素等成分，是营养丰富的高级饮料；椰子壳可制成碗、勺之类的日常用品，还可雕刻成各种美观的工艺品；椰树的叶子可以盖房、编席；树干可以用于建筑或制作家具。椰子的用途如此之多，难怪人们特别喜爱它呢。

珍奇的望天树

在我国云南西双版纳的热带森林中，生长着一些珍稀树种，它们高耸挺拔，直刺苍穹，人们称它们为"望天树"。望天树属于龙脑香科的柳安属。它通常有60多米高，个别的甚至高达80米，远远超出身边的其他树木，因此，在山野中一眼就能望到它。这种巨树的枝叶都集中在树干的上半部分，叶互生，呈椭圆形，背面生着密密麻麻的茸毛，在显微镜下就像多角形的小星星。望天树的花序像锥子一样，花呈黄色，微风吹过，有阵阵的幽香袭来。它秋天结果，果实坚硬，被5个宿存的花萼所包围，就像5片翅膀一样，能随风飘到很远的地方。望天树是热带雨林的标志树种。它生长迅速，生产力很高，而且木质坚硬，不怕虫蛀，不怕腐蚀，是制造高级乐器、家具和桥梁的上等材料。它的木材中含有丰富的树胶，花中含有香料油，在化工上有着很好的应用前景，值得大力开发。它已被列为我国的一级保护植物，人们正在尝试对它进行人工栽培。

最粗的树——猴面包树

在非洲的热带草原上，有一种奇特的又矮又胖的树，当地人叫它波巴布树。由于猴子和狒狒都喜欢吃它的果实，所以人们又叫它猴面包树。猴面包树属于木棉科植物，树身高仅十余米，而胸径却可达15米以上，需要20个大人手拉手才能将它围住，远远看去活像个大胖子。非洲最大的一株猴面包树，树干周长超过54.9米，直径17.5米，是世界上最粗的树。猴面包树肥大的身材，有助于贮存大量的水分，以度过干旱的季节。如果在它的树干上打个小洞，再插上一条管

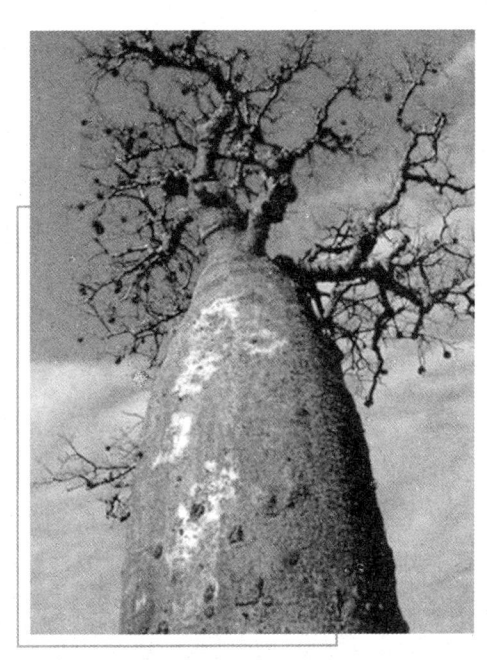

猴面包树

子，清水就可以顺管子流出，旅行者常用它来解渴。猴面包树的花是塞内加尔国的国花；种子含油量高，榨出的油是上等食用油；嫩叶味道鲜美，是当地人们喜爱的蔬菜；树皮可以入药，用来治疗疟疾、感冒等疾病。猴面包树的木质又轻又软，当地居民常把其树干掏空，当作住宅、畜栏或贮水站的建材。猴面包树还是有名的长寿树，最老的可活到5000年以上。非

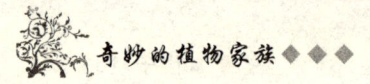

洲人民十分喜欢它，并采取措施加以保护。

最硬的树——铁桦树

铁桦树高约20米，树干直径约70厘米，树皮暗红色或近黑色，上面密布白色斑点，叶片呈椭圆形。它生长很慢，寿命长达300~500年。铁桦树只分布在中国与朝鲜的接壤地区，原苏联的南部也有少量分布。铁桦树极为珍贵，是植物王国中著名的"硬汉子"。它的木质坚实，比橡树硬3倍，比普通钢铁硬1倍，子弹打在树干上，就像打在钢板上，纹丝不动。人们常用它作金属的代用品，如苏联在卫国战争期间，曾用铁桦树制造滚珠轴承，用在快艇上。由于它十分硬重，所以入水即沉，即使长期浸泡在水中，其内部也能长期保持干燥。铁桦树喜欢吸收土壤里一种叫硅的元素，当这种硅大量进入到树干中，铁桦树的身体就变得坚硬如铁了。铁桦树不仅是我国最硬的树木，而且也是世界上最硬的树木。

最轻的树——轻木

在树木大家庭中，材质最轻的要数轻木。轻木属于木棉科轻木属，又称百色木、巴萨尔木。它是一种常绿乔木，树干粗大笔直，身高15米以上。其叶呈大椭圆形，在枝条上交互排列。白色的大花着生在树冠的上层，很像芙蓉花。种子呈咖啡色，外被绒毛，和棉花籽差不多。轻木的生长速度在所有的树种中数一数二，一年就可长高5~6米。由于它体内细胞更新很快，不会产生木质化，所以身体的各部分都显得异常轻软和富有弹性。假如用手指使劲按其树干，竟会留下一个手指的凹印。这种树是如此的轻，就连一名妇女也能轻易地扛起一株10米多长的轻木。轻木可用来制造救生胸带、水上浮标、隔音设备、展览模型及塑料贴面等。轻木喜欢气温高、雨水多的环境，主要分布在南美洲及西印度群岛。厄瓜多尔是其盛产地之一。现在，在我国广西、福建、海南岛以及台湾等地区已开始大面积引种。

奇怪的胎生树木——红树

红 树

谁都知道，哺乳动物都是依靠怀胎来繁殖后代的。可是，你听说过某些植物也有"胎生"现象吗？红树便是具有这种奇怪特性的代表植物。红树是属于红树科的植物，分布在热带海岸泥滩上，在我国海南岛、广东、福建等地的沿海地区就能见到。按照常理，普通植物的种子成熟后，会离开母体散发出去，然后在合适的条件下慢慢长大。可红树偏偏不这样。红树在春、秋两季开花结果，有300多个果实，像一条条绿色的小木棒悬挂着，这就是它的绿色"胎儿"。这些绿色"胎儿"不停地吸取母树的营养，不断成长，一直到嫩绿的枝芽出现时，才恋恋不舍地与母树脱离，插进海滩的淤泥之中，数小时后，这些"胎生"幼苗会长出许多幼根将自己牢牢固定住，在海潮到来之前，它们已是一株株独立生长的小树了。即使这些"胎儿"掉下时被涨潮的海水冲走，也不要担心，它们不会失去生命力，一旦海潮把它们送上海滩，它们就会很快扎根生长，逐渐长大。红树的"胎生"特性，是它长期适应所处的特殊生态环境的结果，有利于初生幼苗的成活。生长在岸边的红树林，可以护堤、防风、防浪，是保护海岸的坚强卫士。

最魁梧的树——巨杉

巨杉既不像杏仁桉那样高而苗条，也不像猴面包树那样矮而肥胖，它

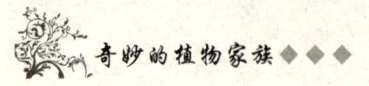

是树木中的"巨人"。巨杉长得非常别致,它的树干上下几乎一样粗细,活像一个大烟囱。普通的巨杉可长至100米高,胸径10米左右,树干的下部没有一根枝条,所有的枝条都集中在树干上部。巨杉生长在美国加利福尼亚和内华达等州,人们还称它为"世界爷"。在印第安人语言中,"世界爷"这个词就是巨树的意思。那么,巨杉高大到什么程度呢?树高平均60至70米,最高的超过100米,树径平均约7至8米,最粗的超过10米。美国人还在内华达山上发现了一株近4000年的巨杉,特意在它的树

巨 杉

干基部开了一个隧道,汽车可以自由穿过。这棵巨杉重量非凡,足有6000吨重。因此,巨杉是世界上体积最大的树。巨杉的木质很轻,不十分坚硬,但经久耐用,不容易腐烂,不容易着火,是造船和建筑的好材料。巨杉也是经过亿万年存活下来的"活化石",现在也寥寥无几了,人类要好好保护它。

花中之王——牡丹

被誉为"国色天香"的牡丹花,是我国特产。它雍容艳丽、秀韵多姿,是天下闻名的观赏花卉。有诗赞曰:"唯有牡丹真国色,花开时节动京城",生动地写出了广大人民对它的喜爱。牡丹属于毛茛科芍药属。它是一种落叶小灌木,1米多高,根多肉厚,叶片很长,常裂出几个深口子。牡丹花很大,中间是一大蓬鲜艳金黄的花蕊,周围是层层花瓣,可达几十片到数百片;花色有红、粉、黄、绿等多种,各色又有浓、浅、深、淡之分,真是千娇百媚,色彩万千,难怪人们盛赞它是"花中之王"。我国栽培牡丹已有1500年的历史,其中以河南洛阳的牡丹最负盛名。牡丹历来还是富贵吉祥、

牡 丹

繁荣昌盛的象征，人们在许多重要的庆典上都能目睹到它的芳容。牡丹有很高的经济价值，除花可供观赏之外，其根皮中医称为丹皮，含有牡丹香醇、安息香酸等物质，常作镇痛、镇静、降压的药物；叶可作染料；花既可食用又可提炼香精；籽还可榨油。

抗碱防沙的先锋——柽柳

柽柳又叫西河柳或三春柳，是一种落叶小乔木。柽柳虽称柳，但和柳树不是一家。柳树属于杨柳科，而柽柳自成一个柽柳科。由于它枝条柔细、下垂，有些像柳，所以有此名称。柽柳的枝条呈红褐色，叶子成鳞形，密生于纤细的小枝上。每年夏季，枝条顶端会抽出10~14厘米长的圆锥花序，花小，呈红色。离远望去，柽柳披红挂绿，煞是好看。柽柳分布广泛，在西北沙漠地区以及东北、华南等地的盐碱地带，均有它的踪迹。柽柳的根系很长，可以分布在土壤的深层，这是它能生活在干旱荒漠中的主要原因。此外，柽柳具有极高的泌盐本领，所以它能生活在含盐量极高的重盐碱地上。因此，柽柳是改造盐碱地的优良树种，也是一种良好的固沙植物，难怪人们称其为抗碱防沙的"急先锋"。柽柳还可以入药，有解热、利尿、透疹的功效。它的枝条可以编制篮筐，树干还可以作为日常使用的木材。总之，柽柳是一种价值颇高的经济树木。

树干最美的白桦树

白桦是我国北方常见的一种落叶乔木。它亭亭玉立，通体洁白光滑，在微风吹拂下，轻摆枝叶，仿佛一名秀丽、可爱的白衣少女在翩翩起舞。白桦的个头很高，通常有20多米。其树皮呈白垩色，分为许许多多的片层，

白桦林

每一片层都像纸一般的薄，当地人常把它剥下来当纸用。白桦的叶子呈三角状卵形，叶柄很细。它在春天开花，花序为柱状；秋天结果，果实上长有两个小翅膀，可以随风飘到很远的地方安家。白桦的树干富含甜甜的树汁，可以提取并浓缩成甘甜味美的糖汁；它的树干纹理致密，坚硬又有弹性，是建筑上的好材料；它的树皮可以提取香精，还可以入药，治疗多种疾病。白桦还在许多公园中安了家，给人们提供了游玩、摄影的好场景，如果你有机会到森林中去探险，它可是你最容易发现的树木，因为在绿色

的海洋中，只有它穿着白色的"外套"，格外地醒目。

花中西施——杜鹃

杜鹃花是"中国三大名花"之一，在我国分布极广。我国的杜鹃花有650多种，占世界杜鹃花种数的3/4以上。云南省是我国杜鹃花种类最多的省，有400多种。杜鹃花属于杜鹃花科杜鹃花属，是一大类植物的总称。它的色彩丰富，有红色、紫色、黄色、白色、蓝色等，每种颜色又有深有浅，程度不一。众多种类中，犹以红色的映山红最为壮观。每年的清明节过后，火红色

杜 鹃

的映山红竞相开放，红遍了山野，所以人们叫它映山红。在朝鲜，人们还叫它金达莱。美丽动人的传说"杜鹃啼血"即是对映山红杜鹃的写照。杜鹃中最美的要数金顶杜鹃，它的花洁白如玉，在阳光的照耀下，仿佛戴上了一顶金色的"皇冠"，显得华贵无比。杜鹃除作观赏外，还可入药，能够活血解毒，镇咳化痰。现在，许多家庭都栽种了这种名花，在拥挤繁杂的生活中，它给人们带来了大自然的勃勃生机。

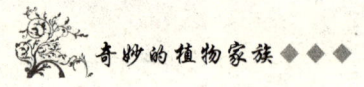

现代科学技术在植物上的应用

无籽果实的培育

不形成种子的果实叫无籽果实。它可分为两类：一类是天生的无籽果实，即不经过受精，子房能直接发育成果实，如香蕉、新疆无核葡萄、菠萝等；另一类是用人工的方法培育的无籽果实，如无籽西瓜、无籽番茄等。那么，它们是怎样培育出来的呢？原来任何一种生物的体细胞中，都有两套相同的染色体，而生殖细胞只有一套染色体。当父本与母本的生殖细胞结合后，形成二倍体的合子细胞，里面就又含有两套染色体，又能产生二倍体的后代。普通西瓜是二倍体的，如用秋水仙素药剂处理，会使二倍体加倍变成四倍体。然后用四倍体西瓜作母本，用二倍体西瓜作父本，进行杂交，便能得到三倍体西瓜的种子。当三倍体种子长成植株开花时，用二倍体西瓜的花粉刺激，便能得到无籽西瓜。其基本原理是三倍体的西瓜含有三组染色体，它在进行减数分裂形成生殖细胞时，三组染色体不能平均分配，因而形成不正常的生殖细胞，自然就高度不孕了。无籽的果实吃起来很方便，所以倍受人们的欢迎。

细胞融合技术

也许你不会相信，有这么一种植物，它的地上部分结西红柿，地下部分长土豆，可它确实存在，这是科学家们在1978年通过细胞融合技术获得的。从常识上讲，为了获得农业上的高产，常使植物之间进行杂交。但亲缘关系较远的植物，如土豆和西红柿，它们不会杂交成功，因为它们的精子和卵细胞不能结合受精。但细胞融合却解决了这个难题。细胞融合也称细胞杂交，是以植物的体细胞为材料，经特殊的酶处理后，去掉它们的细胞壁，然后将不同植物的去壁细胞置于某种方法下诱导细胞融合，形成杂种细胞，并使其进一步分化成为杂种小植株。土豆西红柿便是通过这种途径研制出来的，它既带有土豆的遗传物质，又带有西红柿的遗传物质。目前，土豆西红柿的品质还不算理想，在生产上尚未达到实际应用的地步。科学家们正在对它进行改良，争取早日让它同时结出硕大的土豆和西红柿。细胞融合技术的成功，预示了在远缘植物间合成新的杂种的可能性，可望在短时间内研制出具有重要经济价值的新品种。

转基因植物

基因是决定遗传性状的最基本单位，它使得一种生物的后代还保持着这种生物的特征。例如，榆树的种子长大后还是榆树，不会变成柳树，这是由于榆树的种子里所含的基因在发挥作用。随着生物遗传工程技术的发展，遗传学家已经能够把一种植物的基因取出来，转移到另一种植物中去，形成转基因植物，这种新型植物便同时具有两种植物的特征。例如，我国的科学家朱培坤成功地将大蒜、胡葱、玉米的遗传物质分别转移到青菜的体细胞中，形成了大蒜青菜、胡葱青菜和玉米青菜三种新型植物，它们同时具有大蒜和青菜，胡葱和青菜，玉米和青菜的外形特点。再如我国著名的遗传学家郝水教授，成功地将冰草内含有的耐寒基因转移到小麦的细胞当中，培育出一种新型的小麦——冰麦，这种麦子即使在寒冷的北方也能很好地生长，获得较好的收成。美国的科学家成功地从玉米中取出IGLU基因，注入到西红柿内，这种本来存在于玉米中的基因竟在西红柿中大放光彩，制造出大量的植物生长酶，使西红柿迅速生长。由此可见，转基因植物对人类的生产是非常有益的。相信在不远的将来，转基因植物会给人类

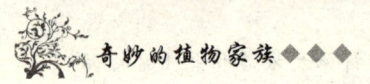

带来更大的经济效益。

从试管中长出的植株

杉　木

你可能不会相信，试管里怎么会长出植株呢？别急，听完下面的介绍你就明白了。原来，植物的细胞具有全能性，它不但继承了亲本的遗传特性，而且能重新分化长成新的植株。拿杉木来说，我们可以取它嫩条上的芽尖或茎段，切成不到1厘米长的小块，经严格灭菌后接种于培养基上，它们就可以进行分裂形成膨大的愈伤组织，接着长出不定芽，形成小植株，再将这些小的试管植株移栽到土中，便能继续生长，直到长成巨大的杉木。科学家们把这种技术称之为组织培养法。目前，已有近千种植物通过组织培养得到了再生植株。现在，我们吃的水稻、玉米、苹果、香蕉、葡萄等植物，我们看到的兰花、菊花、康乃馨等花卉，有许多品种就是从试管中长出的。有了组织培养技术，科学家们几乎可以让植物身体上的任何一部分变为一棵植株，而且由试管中长出的幼苗数量多，繁殖快，有很大的实际应用价值。